KB252206

가족 건강을 위한 주말 집밥 반찬&한 그릇 요리

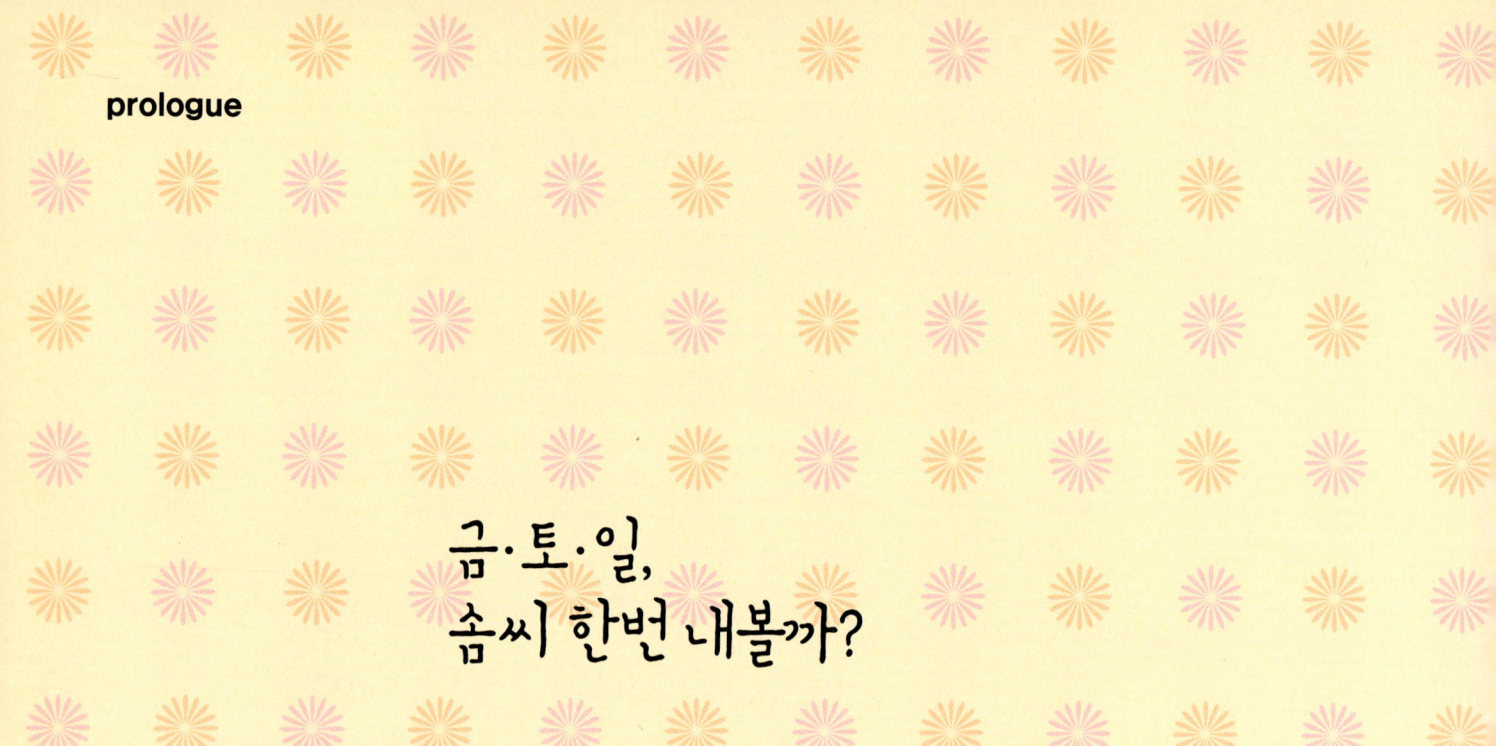

금·토·일,
솜씨 한번 내볼까?

금요일 저녁과 주말 아침은 특별하게!

'불금(불타는 금요일)' 이라 불리는 금요일은 주중에 쌓인 스트레스와 피로를
맛있는 음식으로 풀고 싶어진다. 일하느라 지친 남편에게는
손수 만든 안주거리에 술 한 잔을, 공부하느라 지친 아이들에게는 푸짐한
반찬으로 일주일동안 쌓인 피로를 기분 좋게 날리게 해주자.

오랜만에 늦장 부리고 싶은 주말 아침은 브런치 카페의 메뉴로 시작해도
좋다. 버터에 구운 고소한 토스트와 부드러운 오믈렛, 상큼한 주스 한 잔 등
일상 메뉴와 다른 음식들이 주말 아침을 즐겁게 한다.

나들이를 계획했다면 도시락도 여유있게 준비해보자.
야외에서 온가족이 둘러앉아 도시락을 먹는 즐거움은 두고두고 추억이 된다.
샌드위치, 햄버거, 김초밥, 주먹밥 등은 누구나 좋아하는 메뉴이고
집에 있는 재료들로 충분히 만들 수 있다.

단골 반찬거리에 맛·정성 더하기

주말요리라고 매번 대단한 메뉴일 필요는 없다. 늘 밥상에 오르는 단골 반찬거리에
식재료 한두 가지를 더하고 시간과 정성을 조금만 보태면 특별한 음식을 찾아
굳이 외식을 하지 않더라도 주말 기분을 낼 수 있다. 평소 같으면 한두 가지 채소만으로
쉽게 완성했을 일상반찬이지만 고기와 해산물을 넣으면 훌륭한 일품요리가 된다.

매일 그 밥에 그 반찬이라 지겨운데 딱히 떠오르는 참신한 메뉴가 없을 때
볶음밥·덮밥·국수·그라탱 같은 한 그릇 요리로 가족들의 기분을 북돋아주자. 별다른 반찬이
없어도 맛있는 한 끼 식사가 된다. 냉장고 속 남은 재료를 알뜰하게 활용하는 것도 방법이다.
유명 맛집에서 먹어본 그 맛을 내고 싶다면 이 책의 앞머리에 있는 베이직 쿠킹 센스를
참고하면 된다. 감칠맛을 내는 기본 노하우와 양념들이 소개되어 있다.

주말은 주중에 먹고 남은 식재료를 해결하기도 좋은 시간이다. 냉장고에 놀고 있는
자투리 채소와 쓰다 남은 한 주먹 고기가 눈에 띈다면 모아서 한 접시 요리를 만들고,
주중에 먹을 밑반찬도 미리 만들어둔다. 냉장고 정리도 되고 비용도 아낄 수 있는 기회다.
주말이라 그런가? 시간도 넉넉하고 재료도 충분하게 준비하고 보니 요리하는 내내 즐겁다.

contents

part 1
단골 재료로 만드는
별미 주말반찬

재료 손질, 양념 준비, 냉장고 정리 등

금·토·일,
요리 잘하는 여자의 부엌살림

"살림솜씨가 야무진 여자들에게는 노하우가 있다. 그녀들의 공통점은 틈틈이 재료 손질을 해두거나
양념장을 만들어두고, 조리도구도 잘 활용하며 외식보다는 손맛을 즐긴다는 점.
금·토·일, 한가한 시간을 틈타 이들의 살림법을 하나하나 따라해보자."

장보기 전, 냉장고부터 정리한다

장을 보러 가기 전, 집에 있는 재료와 추가로 살 재료로 할 수 있는 요리를 미리 생각한다. 필요
이상으로 장보는 일이 줄어들어 쌓이거나 버리는 재료를 줄일 수 있다. 미리 냉장고 안에 있는
식품 목록을 적어 냉장고 겉면에 붙여두면 남은 재료와 떨어진 재료가 한눈에 구분이 되어 장보
기가 좋다.

일주일치 재료는 갈무리 해둔다

요리를 잘 하는 여자는 시금치 한 단을 사더라도 여러 가지 활용도를 생각한다. 시금치하면 단
순히 무침을 생각하는 게 아니라 무침할 분량을 따로 떼어놓고, 일부는 다져서 이유식에 사용하
거나 국을 끓이고, 남은 것이 있다면 데쳐서 냉동실에 넣어두는 것은 기본. 만약 다시마나 표고
버섯 같은 재료가 남았다면 갈아서 천연조미료로 사용한다. 생선도 다듬어 씻어 올리브오일이
나 식용유를 바른 상태로 한 토막씩 쿠킹호일에 싸서 냉동시켰다가 조리 직전에 바로 해동시켜,
씻고 양념하는데 드는 시간과 힘을 줄인다.

양념장은 미리 만든다

요리의 맛은 손끝에 있다지만 기본양념을 얼마나 잘 하느냐에 따라 맛이
달라진다. 요리할 때마다 맛이 달라지거나 실패를 한다면 대부분 눈대중
으로 대충 간을 했기 때문. 경험이 풍부한 요리고수라면 문제없지만 아직
요리가 손에 익지 않거나 자신이 없다면 양념장을 미리 만들어두고 사용한다.
간을 잘못 맞추는 실수를 방지할 수 있고, 양념이 남아 버리는 것도 막을 수 있다.
특히 조금씩 자주 사용하는 양념이나 소스는 일주일치 정도씩 미리 만들어 보관해
두고 꺼내어 쓰면 조리 시간과 수고를 줄일 수 있다.

단골 양념은 늘 갖춰둔다

요리를 하려는데 양념 한 가지가 없어서 사러나가야 한다면 생각만 해도 귀찮고 번거로운 일이다. 요리 잘하는 여자들은 음식에 자주 쓰이는 단골 양념과 요리의 감칠맛을 살려주는 향신료는 떨어지지 않도록 늘 갖춰 놓는다. 볶음요리에 조금만 넣어도 맛이 확 달라지는 굴소스를 비롯해 가다랑어를 발효시켜 만든 것으로 간장 대신 넣으면 깊은 맛을 내는 참치액소스, 수프의 향을 돋우면서 풍미를 더하는 월계수잎, 매운요리의 칼칼한 뒷맛을 내는 통후추와 마른고추 등은 늘 갖추어둔다.

냉장고에 버릴 것이 없다

요리하기 좋아하는 살림꾼들은 냉장고 정리정돈도 완벽하다. 재료들은 깨끗이 손질이 되어 1일 1회분 먹을 양만큼 나누어 랩으로 포장하거나 투명용기에 담아 보관하고, 남은 음식은 알뜰하게 요리하여 먹는다. 안이 보이지 않는 검은 봉투는 찾아볼 수 없고 투명용기에 식품 이름과 보관 날짜까지 기입되어 있는 경우도 많다.

외식보다는 손맛을 즐긴다

요리를 잘하는 사람들은 가족이나 친구들을 초대해 요리를 대접하기 좋아한다. 이들이 요리를 처음부터 잘했을 리 없다. 요리 프로그램이나 요리책을 즐겨 보고, 음식점에서 요리를 먹을 때도 어떤 재료로 어떻게 만들었는지 생각하고 묻는 등 관심이 있었기 때문이다. 온가족이 모인 주말, 외식 대신 미리 입수해놓은 레시피나 요리정보를 토대로 손맛과 정성들인 요리를 해 맛, 건강, 영양을 한번에 잡는다.

담음새도 남다르다

보기 좋은 떡이 먹기도 좋다는 속담처럼 음식을 어떻게 담느냐도 맛을 결정하는 중요한 요소가 된다. 그릇에 넘치게 담으면 맛과 모양이 살지 않으므로 큰 그릇에 여유 있게 담고, 접시는 바닥이 다 덮이도록 담기보다 접시 바닥이 살짝 보이게 담는다.

요리 전, 밑그림을 그린다

요리를 하기 전, 누구를 위한 요리인지부터 생각한다. 아이들을 위한 요리라면 간을 약하게 하면서 재료 본래의 맛을 살리고, 남편이나 손님을 위한 요리라면 얼큰하고 푸짐한 요리를 한다. 요리를 얼마만큼 만들어 어디에 담을지까지 미리 생각해둔다.

조리도구를 잘 활용한다

요리를 제대로 하려고 들면 생각보다 많은 조리도구가 필요하다. 그러나 조리도구만 완벽하게 갖추었다고 요리를 잘 할 수는 없는 일. 조리도구를 얼마나 적절하게 활용하느냐가 중요하다. 요리고수들은 믹서나 분쇄기, 튀김기, 커터, 찜기, 팬, 조리기구 등을 갖추어 놓고 효율적으로 잘 사용해 유명 맛집의 요리와 비슷한 맛과 모양을 낸다.

같은 재료, 같은 양념도 더 맛있게!
요리 기본기 다지기

"재료와 양념이 같아도 만드는 사람에 따라 맛이 달라진다. 손맛 좋은 이들은
별다른 재료를 넣지 않아도 맛있는가 하면 요리초보들은 레시피대로 해도 맛이 나지 않는다.
요리 솜씨를 높이기 위해 기본 노하우부터 배워두자."

계량스푼과 컵으로 정확한 분량을 맞춘다

요리는 손맛이라고 하지만 음식을 할 때마다 맛이 달라진다면 곤란하다. 레시피에 제시된 양념
의 분량을 지키는 게 제대로 된 맛을 살리는 길. 소금이나 설탕 같은 재료를 잴 때는 스푼 윗면
을 편평하게 깎아서 재고 고추장이나 된장은 빈틈없이 채워 젓가락으로 깎아서 잰다. 계량저울,
계량컵, 계량스푼을 이용하는 법을 알아보자.

● 계량스푼 이용할 때

보통 세 개로 구성되어 있는데 1큰술(15cc), 1작은술(5cc), 1/2작은술(2.5cc)짜리 3개와 계량한 다음 윗면을 편
평하게 깎아줄 때 사용하는 납작한 주걱이 한 세트로 되어 있다. 간장이나 기름, 술 같은 액체와 소금, 설탕 같
은 가루를 잴 때의 방법이 조금씩 다르므로 재료에 따라 정확하게 계량하는 방법을 알아두도록 한다.

가루를 잴 때 설탕, 소금, 녹말가루 같은 가루 종류는 먼저 계량스푼 가득 담은 후에 스푼용 주걱으로 표면
을 편평하게 깎아냈을 때의 양이 정확하다. 1작은술을 잴 때도 마찬가지다. 1/2큰술이나 1/2작은술은 표면을
편평하게 깎아서 잰 후에 중심에서부터 절반을 덜어낸다.

액체를 잴 때 많은 양의 액체를 잴 때는 컵을 이용하지만 적은 양을 가늠할 때는 계량스푼을 사용하고 스푼
표면에 찰랑찰랑할 정도로 담는다. 1작은술도 마찬가지다. 1/2큰술이나 1/2작은술은 스푼 높이의 절반보다 약
간 올라올 정도로 액체를 담는다. 1/3큰술은 1작은술과 같은 양. 부득이 1큰술짜리를 사용할 경우에는 스푼의
1/3 높이보다 약간 높을 정도로 담는다.

● 앉은 저울 또는 계량컵 이용할 때

앉은 저울 고기나 채소, 두부 등 컵으로 잴 수 없는 재료들, 그리고 1컵 분량 이상 되는 가루제품 등은 저울
로 재는 것이 정확하고 편리하다. 조리용으로는 1~2kg까지 잴 수 있는 앉은 저울이 비교적 정확하고 눈금을
읽기도 쉽다. 편평한 장소에 저울을 놓고 눈금이 0에 있는지 확인한 다음 재료를 올려놓고 잰다.

계량컵 기본 분량은 1컵이 200cc. 종류에 따라 1컵짜리, 2컵짜리 등이 있다. 액체를 잴 때는 속
이 비치는 투명한 것이 좋으며 계량시 반드시 편평한 장소에서 재야 한다. 계량컵이 없을 때는
200㎖ 우유팩 접히는 부분에서 1cm 내려오는 부분까지 담으면 1컵, 떠먹는 요구르트통 뚜껑 부
분에서 1cm 내려온 부분이 1/2컵이 된다.

눈과 손으로도 계량할 줄 알아야 한다

계량스푼이나 계량컵, 계량저울이 없을 경우 포장지에 표시된 중량을 기준으로 하고 손이나 손가락으로 길이를 가늠한다. 무게도 대략 어느 정도인지 눈대중으로 알아보는 법을 익혀둔다.

● 포장지에 표시된 중량으로 가늠
대부분의 제품들에는 중량표시가 되어 있으므로 이것을 기억해 두었다가 양을 가늠하면 편하다. 예를 들어 요리 재료가 두부 100g이라고 하면 자신이 사온 두부가 몇 g짜리인지 확인해서 1/3~1/2모를 잘라 쓰면 된다.

● 손이나 손가락을 이용
소금 '약간' 또는 '조금'은 엄지손가락과 둘째손가락 사이에 쥐어지는 양으로, 약 1/8작은술쯤 된다. 이에 반해 후춧가루 조금이라고 되어 있는 것은 2~3회 뿌리는 것을 기준으로 삼으면 되고, 소금 한 줌은 엄지손가락, 둘째·셋째손가락 끝으로 쥔 양이다. 이것은 약 1/3작은술이 된다.

● 손바닥, 손가락 길이 알아두기
요리책에 '5cm 길이로 썰어라'라고 되어 있다고 해서 매번 자를 들이댈 수는 없는 노릇이다. 이럴 때 자 대신 사용할 수 있는 게 자신의 손이다. 새끼손가락 한 마디는 1cm, 둘째손가락 길이는 7cm쯤, 그리고 손바닥 전체 길이는 15~16cm쯤으로 기억해 두면 자르고 싶은 길이에 맞는 손의 부분을 재료에 대고 자르면 편하다.

● 눈대중으로도 무게 재기
계량하는 데 익숙해진 다음에는 자주 사용하는 재료의 양을 기억해 두도록 한다. 그러면 눈대중으로도 무게를 알 수 있다. 예를 들어 버섯 6~7개쯤이 100g, 달걀은 중간크기 1개가 60g, 콩나물은 한 움큼 잡은 양이 100g이라든가, 혹은 감자 중간크기 1개는 150g 정도이고 호박 100g은 6~7cm 길이 한 토막의 양, 다진 마늘 1큰술은 마늘 3쪽을 다진 양 하는 식으로 기억해 두면 편리하다.

레시피보다 좋은 재료가 우선이다

재료가 오래되어 묵거나 시들하고, 먼 곳에서 수입을 해와 맛과 향을 잃었다면 별의별 양념을 해도 맛이 나지 않는다. 우리나라 토양에서 나고 자라고 제철에 거두어 맛과 향이 풍부하며 영양이 가득 찬 재료로 요리를 해야 맛있다.

물의 양과 불의 세기가 관건이다

해산물은 물에 올리브오일을 살짝 둘러 데치고 채소는 잠길 정도로 물을 붓고 데친다. 감자같이 전분질이 많은 식품은 오래 끓이면 풀어져서 국물이 걸쭉해지므로 끓이는 중간에 넣고, 굴이나 조개류는 오래 끓이면 질겨지고 오그라들므로 나중에 넣는다. 양지머리와 사태는 찬물에서부터 끓여야 충분히 우러난다. 이 밖에 볶음요리는 센 불에서 단숨에 볶는 것이 요령이다.

깊은 맛은 기본국물에서 나온다

전골이나 찌개 등을 끓일 때 기본국물로 맹물 대신 육수를 넣으면 더욱 깊은 맛을 낼 수 있다. 금·토·일, 한가한 틈을 타 다시마물, 멸치국물, 쇠고기국물 등을 미리 만들어둔다. 다시마물은 두부를 이용한 국이나 생선, 해물 요리와 잘 어울리며 시원한 국물 맛을 내고 싶을 때는 멸치국물이 적당하다. 쇠고기국물의 경우 파와 마늘은 처음부터 같이 넣고 무는 끓을 때 넣었다가 다 익으면 건져내는 게 맛내기 포인트다.

알뜰하게, 똑똑하게, 알차게!
주말 장보기 노하우

"일주일이나 열흘에 한 번 대형마트에서 장을 보거나 인터넷 쇼핑몰을 이용하는 경우가 많아졌다.
과잉구매를 줄이고, 좋은 식재료를 구입하려면 어떻게 해야 할까?
경제적이고 효율적인 장보기 노하우를 소개한다."

식재료에 따라 장보는 양을 달리한다

보통 밀가루나 간장, 참기름, 식용유, 설탕 같이 오래 두어도 괜찮은 식재료는 여분의 것을 사두
는 것이 좋다. 반면 채소는 일주일 분량만 사두는데 채소마다 보존 기간이 다르므로 채소의 분량
을 잘 조절해서 구입한다. 종류에 따라 보관 방법도 다른데 당근이나 셀러리 등은 씻지 않고 신
문지에 말아서 싸두면 좋다. 피치 못하게 많이 산 재료는 조리를 해서 보관하는 것도 방법이다.

몸에 좋은 친환경 농산물을 고른다

농산물에 붙어 있는 '친환경 인증마크'를 확인한다. 그래도 의심스러울 경우 '국립농산물 품질
관리원' 홈페이지에 들어가 인증번호를 입력하면 진짜 친환경 농산물인지 확인할 수 있다. 과일
은 대부분 병충해에 약해 저농약 재배로 출하되는 경우가 많은데 사과, 배의 경우 유기농 재배라
고 하면 의심할 필요가 있다. 유기농 가공식품의 경우 국산이든 수입산이든 원재료로 쓰인 유기
농 농산물의 함량이 90%를 넘는지 확인한다.

제철재료가 우선이다

제철에 나는 재료가 가격도 저렴하고 맛도 좋으며 영양도 풍부하다. 1~2월은 우엉·고사리·새
송이버섯·봄동, 3~4월은 미나리·두릅·취나물·죽순·쑥, 5~6월은 부추·더덕·양배추·양파·
오이, 7~8월은 감자·고추·피망·호박·가지, 9~10월은 배추·아욱·도라지·브로콜리·고구마,
11~12월은 청경채·연근·시금치·무 등이 제철채소들이다.

장본 후 갈무리에 신경 쓴다

요리를 쉽게 빨리 하고 싶다면 장본 후 채소나 생선 등의 갈무리에 신경 쓴다. 채소는 다듬어 씻
거나 살짝 데쳐 물기를 꼭 짠 후 한번 해먹을 만큼씩 나눠서 비닐랩을 싸서 냉동실에 보관하는
식. 생선도 다듬어 씻어 올리브오일이나 식용유를 발라 한 토막씩 싸서 냉동시키면 손질하는 시
간과 수고를 덜 수 있다. 재료가 넉넉하다면 장아찌나 피클을 미리 담가두어도 좋다.

깊은 맛과 향, 감칠맛이 좋다
천연조미료 만들기

"멸치, 새우, 표고버섯, 호박 등 몸에 좋은 재료로 천연조미료를 만들어보자. 잘 말려 곱게 빻으면 끝!
무침, 조림, 찌개 등에 넣으면 천연조미료의 맛이 배어 감칠맛이 더해진다.
시간 있을 때, 넉넉히 만들어두면 요긴하게 쓰인다."

멸치가루 | 말린 멸치(중간크기) 30마리

1 말린 멸치는 머리를 남기고 내장만 빼낸 후 체에 담아 흐르는 물에 재빨리 헹궈 물기를 턴다. **2** 팬에 멸치를 넣고 센 불에서 바짝 볶은 후 곱게 갈아서 밀폐용기에 담아 냉장실에 보관한다.

표고버섯가루 | 말린 표고버섯 200g

1 말린 표고버섯은 불리지 말고 기둥이 달린 그대로 깨끗이 닦아 먼지를 없앤다. **2** 믹서에 두 번 정도 곱게 갈아서 체에 내린 후 밀폐용기에 담아 냉장실에 보관한다.

새우가루 | 말린 새우 1컵

1 바짝 말린 새우는 체에 쳐서 잔먼지를 없애고 바싹 볶는다. **2** 바삭하게 볶아진 새우를 곱게 갈아서 체에 내려 고운 가루만 쓴다.

호박가루 | 애호박 1개

1 애호박은 얇게 썰어서 채반에 올려 2~3일 정도 볕에서 바짝 말린다. 말리는 중간 중간에 애호박을 뒤집어서 골고루 말린다. **2** 바싹 말린 호박오가리를 곱게 갈아서 밀폐용기에 담아 냉장실에 보관한다.

검은깨가루 | 검은깨 1/2컵

1 검은깨는 물에 담가 잠시 불린 후 체에 밭쳐 물기를 뺀다. **2** 깊이가 있는 팬에 검은깨를 기름 없이 볶아 곱게 간 다음 밀폐용기에 담아 냉동 보관한다.

홍합가루 | 말린 홍합 100g, 생강가루 1/4작은술

1 말린 홍합을 마른 거즈로 닦아 먼지를 없애고 생강가루와 함께 아주 곱게 간다. **2** 곱게 간 홍합가루를 밀폐용기에 담아 냉동실에 보관한다.

북어가루 | 통북어 또는 북어채 100g

1 북어는 살만 발라서 곱게 간다. 북어가루에 마늘가루 또는 생강가루를 섞으면 비린 맛이 없어 좋다. **2** 밀폐용기에 담아 냉장실에 두고 먹는다.

무가루 | 무 200g, 생강가루 1/4작은술

1 무는 얇게 썰어 채반에 올려 볕에서 이틀 정도 바짝 말린다. **2** 말린 무를 마른 거즈로 잘 닦아 먼지를 없애고 생강가루와 함께 곱게 갈아 냉장실에 보관한다.

들깨가루 | 들깨 1/2컵

1 들깨는 물에 잘 씻어 체에 밭쳐 물기를 뺀다. **2** 깊이가 있는 팬에 들깨를 기름 없이 볶아서 곱게 갈아 체에 밭쳐 들깨껍질을 걸러낸다. 아주 고운 들깨가루만 받아 밀폐용기에 담아 냉동실에 보관한다.

다시마가루 | 다시마(사방 20cm) 1장

1 다시마의 표면에 묻어 있는 흰 가루는 약간 젖은 거즈로 닦아 팬에 올려 앞뒤로 바짝 굽는다. **2** 바삭해진 다시마를 아주 곱게 갈아 체에 걸러 냉장실에 보관한다.

시간 날 때 만들어두면 요리하는 맛이 난다
손맛 양념장 & 소스

"어떤 요리든 맛을 내려면 양념이 있어야 한다. 그 양념의 비율이 잘 맞았을 때
비로소 음식 맛이 제대로 산다. 요리 선생들이 바이블처럼 사용하는 양념장 레시피를 집중 공개한다.
주말에 미리 만들어두면 요리가 편해진다."

미리 만들어두면 편리한 기본 양념장

향신기름

재료 식용유 4컵, 붉은고추 8개
마늘 20쪽, 생강 4톨, 굵은 파 2대
양파 1/2개, 깻잎 6~8장

1 고추는 반으로 갈라서 씨를 털어내
고, 양파는 고운 채로 썬다. 2 냄비에
준비한 재료를 넣고 기름을 부어 낮은
불에서 은근하게 끓인다. 3 재료가 익
어서 갈색이 나면 건더기는 버리고 기
름은 식혀서 병에 담는다.

맛소금

재료 굵은 소금 2컵, 물 2컵

1 체에 굵은 소금을 담고, 그 위에 물
을 부어서 물이 아래로 빠지도록 한
다. 2 물기를 뺀 소금을 팬에 볶은 후
분쇄기나 절구에 넣고 곱게 빻는다. 3
빻은 소금은 고운 체에 내린다.

맛고추장

재료 고운 고춧가루 6컵, 메주가루 4컵
엿기름 4컵, 찹쌀가루·물 8컵씩

1 엿기름에 물을 부어서 주물러 씻은
다음 고운 체에 부어 걸러낸다. 2 그 엿
기름물에 찹쌀가루를 분량대로 넣고
원래 양의 2/3가 될 때까지 조린다. 3
식으면 메주가루, 고춧가루 등 남은 재
료를 넣고 고루 섞어서 항아리에 담아
두고 쓴다.

고추기름

재료 굵은 고춧가루 1과1/3컵
향신기름 3컵

1 향신기름을 50℃ 정도 되도록 따뜻
하게 데운 후 굵은 고춧가루를 넣고
잘 저어 6시간 정도 불린다. 주걱으로
저으면 더욱 잘 불려진다. 2 고춧가루
가 잘 불으면 깨끗한 거즈에 걸러 기
름을 받아낸 후 병에 담아 사용한다.

밑반찬 만들 때 넣는 양념장

고추기름장

재료 고추기름 5큰술
다진 마늘 1작은술, 청주 1작은술
설탕 1/2작은술, 소금 조금

1 준비한 양념을 고루 섞는다. 2 좀 더
매콤한 맛을 원한다면 고춧가루나 마
른 붉은고추를 잘게 썰어 넣는다.

이럴 때 좋아요 고추기름을 넣어 매콤하고
칼칼한 맛이 난다. 오징어채나 오이지를 무
칠 때 넣어서 버무리면 맛있다.

고추장양념장

재료 고추장 5큰술, 물엿 1큰술
통깨 2작은술, 다진 마늘 1작은술

1 준비한 양념을 고루 섞어 양념장을
만든다. 2 생강즙이나 레몬즙을 더 넣
어 향을 돋워도 좋다.

이럴 때 좋아요 뱅어포에 발라 굽거나 중간
크기의 멸치를 무칠 때 넣으면 맛있다.

간장참기름양념장

재료 간장 5큰술, 참기름 1큰술
송송 썬 실파 1뿌리 분량, 설탕 1작은술
소금 · 후춧가루 조금씩

1 준비한 양념을 고루 섞는다. 2 마늘즙
이나 청주 등을 조금씩 더해도 좋다.

이럴 때 좋아요 파래김이나 데친 실파를 무칠
때 넣으면 맛있고, 구운 두부 위에 올려 먹는
양념장으로도 적당하다.

콩가루된장양념장

재료 된장 5큰술, 콩가루 2큰술
물엿 1작은술, 다진 청양고추 1큰술
양파즙 1큰술

1 다진 청양고추와 양파즙에 나머지
양념을 넣고 섞는다. 2 들깨나 통깨 등
을 넣어 고소한 맛을 더해도 좋다.

이럴 때 좋아요 양념에 콩가루를 넣어 깊고
진한 맛을 낸다. 두부나 호박 등을 넣어 자박
하게 끓이는 강된장찌개에 잘 어울린다.

생선&고기 요리에 어울리는 양념장

데리야끼양념장

재료 간장 1/2컵, 양파 1/4개
마늘 4쪽, 마른 붉은고추 1개
설탕 1작은술, 소금·후춧가루 조금씩
레몬 1/4개, 물 1/2컵

1 분량대로 준비한 양념을 냄비에 담고 반으로 줄어들 때까지 끓인다. **2** 건더기는 건져내고, 액체 양념만 쓴다.

이럴 때 좋아요 구운 닭가슴살 위에 끼얹어 맛을 내거나 쇠고기스테이크를 만들 때 소스로 쓰면 적당하다.

쯔유무즙장

재료 쯔유 1/4컵, 무즙 3큰술
가쯔오부시 반 움큼, 청주 1큰술
소금 조금

분량의 양념을 한데 담은 후 고루 섞는다.

이럴 때 좋아요 구운 생선살과 채소로 만드는 전채요리에 잘 어울린다. 구운 새우와도 맛이 잘 맞는다.

폰즈레몬장

재료 간장 5큰술, 레몬 1/5개
다시마물 1/3컵, 청주 1작은술
소금 조금

1 레몬을 저며 썬 다음 분량의 양념과 함께 고루 섞는다. **2** 레몬은 즙을 짜 넣어도 좋다.

이럴 때 좋아요 가자미나 우럭, 도미로 찜을 한 후 찍어 먹는 양념장으로 낼 때 적당하다.

와사비장

재료 와사비 2큰술, 간장 5큰술
식초·설탕 2작은술씩, 물엿 1작은술
소금 조금

준비한 양념을 고루 섞는다.

이럴 때 좋아요 찐 닭고기를 결대로 찢어 무칠 때 넣으면 맛있다. 양념한 쇠고기를 구워 먹을 때 찍어 먹도록 곁들이면 고기 맛이 한결 살아난다.

김치&생채 만들 때 넣는 양념장

고춧가루양념장

재료 고춧가루 1/2컵
다진 생강 2작은술, 다진 마늘 1큰술
설탕 2작은술, 액젓 1큰술, 소금 조금

분량의 양념을 한데 담은 후 고춧가루가 충분히 불려질 때까지 섞는다.

이럴 때 좋아요 김치나 생채를 만들 때 기본이 되는 양념장으로 특히 상추나 배추로 겉절이를 할 때 잘 어울린다. 오이나 무생채를 만들 때 넣어도 맛있다.

식초장

재료 설탕·식초 2큰술씩
다진 마늘 1작은술, 청주 1/2큰술
소금 조금

설탕, 식초, 마늘, 청주, 소금을 분량대로 고루 섞는다.

이럴 때 좋아요 설탕과 식초를 넣어 새콤달콤한 맛이 나는 양념장으로 오이나 무 등을 이용하여 초절임을 만들 때 어울린다.

초고추장양념장

재료 고추장 5큰술, 설탕 1큰술
식초 1큰술, 다진 마늘 1/2작은술
통깨 1작은술, 소금 조금

준비한 양념을 한데 담아 고추장이 잘 풀어지도록 고루 섞는다.

이럴 때 좋아요 상추나 치커리 등으로 겉절이를 만들 때 넣고 버무려 먹는다. 재료와 양념을 살살 버무려야 채소에서 물이 적게 나와 양념의 맛을 제대로 느낄 수 있다.

액젓양념장

재료 액젓 5큰술
다진 청양고추 1큰술
다진 붉은고추 1개 분량
다진 실파 1큰술, 채 썬 마늘 3개 분량
설탕 1작은술, 소금 조금

준비한 양념을 한데 담아 고루 섞는다.

이럴 때 좋아요 액젓의 양을 넉넉하게 잡고 청양고추와 붉은고추도 넣어 깊고 칼칼한 맛이 나는 양념장이다. 파김치나 부추김치 등을 만들 때 잘 어울리는 맛이다.

나물 무칠 때 넣는 양념장

참기름장

재료 참기름 5큰술
송송 썬 실파 1뿌리 분량, 간장 2큰술
양파즙 1큰술, 소금·후춧가루 조금씩

준비한 양념을 고루 섞는다.

이럴 때 좋아요 참기름을 넉넉하게 넣어 고소한 맛이 나는 양념장으로 시금치나 콩나물을 무칠 때 적당하다. 호박을 반달 모양으로 자른 후 볶을 때 넣어도 맛이 잘 어울린다.

과일맛장

재료 간장 1/4컵, 물 1/3컵
사과 1/2개, 양파 1/5개, 물엿 1작은술
마늘 2쪽, 소금 조금

1 분량의 양념을 냄비에 넣고 반으로 줄어들 때까지 졸인다. **2** 건더기는 건져내고 액체로 된 양념만 쓴다.

이럴 때 좋아요 오이무침이나 콩나물무침을 할 때 넣으면 입맛을 돋운다.

들깨장

재료 들깨 5큰술, 들기름 1큰술
간장 2큰술, 설탕 1작은술, 소금 조금

1 들깨를 곱게 간다. **2** 준비한 다른 양념과 함께 고루 섞는다.

이럴 때 좋아요 무청나물을 무칠 때 넣으면 깊은맛을 낸다. 으깬 두부와 데친 쑥갓을 같이 무칠 때 넣어도 맛있다.

된장양념장

재료 된장 5큰술
통깨·다진 파 1큰술씩
참기름 1작은술, 소금 조금

준비한 양념을 분량대로 넣고 고루 섞는다.

이럴 때 좋아요 살짝 데친 배추나 푹 찐 가지 등을 무칠 때 잘 어울린다. 데친 미역에 넣고 무쳐도 의외로 맛있다.

다양한 요리, 감칠맛 내는 양념들
풍미 양념 & 맛내기 양념

"입맛도 까다로워지고 메뉴도 다양해져 부엌에 갖춰두어야 할 양념들도 많아지고 있다.
샐러드, 스파게티, 찜, 바비큐 등 색다른 음식을 만들고 싶을 때,
재료의 맛과 풍미를 확실히 살리고 싶을 때 꼭 필요한 양념들을 소개한다."

갖춰 놓으면 깊은 맛내는 풍미 양념

1 굴소스 생굴을 소금물에 담가 발효시킨 것. 볶음이나 조림 요리를 할 때 간장의 양을 줄이고 굴소스를 넣으면 약간의 단맛과 진한 감칠맛이 각종 재료의 맛과 잘 어우러진다.

2 국물용 멸치 담백하고 개운한 국물을 내려면 물 5컵에 국물용 멸치 10마리 정도가 적당하다.

3 마른 표고버섯 주재료로 사용해도 되지만 찌개나 고기, 채소 요리 등 다양한 요리에 부재료로 넣거나 믹서에 갈아서 천연조미료로 사용하면 깔끔한 감칠맛과 향을 낼 수 있다.

4 다시마 다시마는 빛깔이 검고 두꺼우며 표면에 하얀 가루가 고루 분포돼 있는 것으로 준비해 가윗집을 여러 번 넣어 끓이면 잘 우러난다. 다시마는 찬물에 넣고 끓이다가 다시마가 떠오르면 바로 건져내야 한다.

5 마른 붉은고추 팬에 기름을 두르고 달군 후 다른 재료를 볶기 전에 살짝 볶아 맛과 향을 낸다.

6 올리브오일 샐러드 드레싱이나 일반 볶음 요리에 엑스트라 버진 올리브오일을 사용하면 올리브오일의 신선한 향을 즐길 수 있다. 일반 식용유를 대체해서 쓰기에는 엑스트라 라이트 올리브오일이 적당하다.

7 청주 쌀을 누룩과 물로 발효시켜 만든 양조주로 정종이라고도 하는데 생선이나 고기 요리를 할 때 잡냄새를 없애고 육질을 부드럽게 한다.

8 가다랑어포 가쓰오부시라고 불리는 가다랑어포는 종이처럼 얇게 포로 뜬 상태로 담백한 국물맛을 내는 식재료다. 붉은 빛을 띤 독특한 흑갈색으로 윤기가 흐르는 것이 좋다. 불을 끈 상태에서 살짝만 우려내는 게 감칠맛이 난다.

다양한 요리를 만들 수 있는 맛내기 양념

1 참치액소스 훈연한 가쯔오부시의 엑기스를 추출한 것으로 감칠맛이 뛰어나고 맛의 깊이를 더해주는 액상 조미료. 미역국이나 우동국물, 샤브샤브 등 국물 양념으로 제격이다.

2 고추기름 칼칼하면서도 매콤한 맛이 나는 중국요리에 빠지지 않고 들어간다. 각종 해물 요리와 볶음 요리에 매콤한 맛을 더해 풍미를 느끼게 하며 과일즙을 섞으면 달콤한 맛을 낼 고기소스로 그만이다.

3 씨겨자 겨자씨가 통째로 들어 있는 매콤한 홀그레인 머스터드로 톡 쏘는 듯한 매콤하고 개운한 맛이 일품이다. 샌드위치를 만들 때 재료를 토핑하기 전에 빵에 바르거나 연어 샐러드를 비롯한 각종 샐러드 드레싱에 활용하면 좋다.

4 치킨스톡 닭 육수를 농축시켜 고형화한 것으로 수프나 전골 등 각종 국물 요리를 할 때 육수 대신 손쉽게 진한 맛을 낼 수 있다.

5 두반장 마파두부의 메인 소스로 잘 알려진 두반장은 해물 요리나 짬뽕 외에 고기를 재어두었다가 찜이나 구이로 조리를 할 때, 볶음밥이나 스파게티를 할 때 넣으면 매콤한 맛을 낸다.

6 토마토홀 잘 익은 생토마토의 맛을 그대로 살린 토마토홀은 파스타나 수프에 이용하면 한결 편리하다. 토마토퓌레를 농축시켜 고추장처럼 걸쭉하게 만든 토마토페이스트도 함께 갖춰 놓고 각종 소스를 만들 때 사용한다.

7 발사믹식초 와인을 발효시켜 만든 검은색을 띤 식초로 일반 식초보다 신맛은 덜하면서 풍미가 깊고 진하다. 고기를 굽기 전에 잠깐 발사믹식초에 절였다가 구우면 풍미가 더욱 좋아지며 생선을 구울 때도 조금 넣어주면 생선살이 단단해지고 비린맛도 제거된다.

8 월계수잎 특유의 향이 좋아 삼겹살이나 갈비를 재거나 해산물 요리를 할 때 넣으면 누린내나 비린맛을 없애고 풍미를 살릴 수 있다.

part 1

단골 재료로 만드는
별미 주말반찬

p22 고구마채소조림

p42 피망잡채

p58 새우해파리냉채

늘 밥상에 오르는
단골 반찬거리지만 특별한 맛을
내고 싶은 금·토·일.
재료별로 솜씨 내어 맛있는 반찬을
만들어보자. 평소와 다른
맛깔스러운 반찬들이 먹는 즐거움을
더하고, 고기와 해산물이 들어간
푸짐한 반찬은
주말 기분을 내기에 좋다.

p82 삼겹살된장찜

p84 쇠고기가지볶음

p92 달걀버섯팬구이

117kcal

가지두반장볶음

가지를 두반장에 볶아 중국요리 맛이 나는 별미반찬.
가지의 쫄깃한 질감과 소스의 향이 입맛을 돋운다.

재료 | 4인분

15분

가지 2개
양파 1/2개
풋고추·붉은고추 1개씩
마늘 3쪽
식용유 조금

볶음양념
두반장 1큰술
설탕 2작은술
녹말물 1큰술
소금·후춧가루 조금씩
참기름 1작은술
육수 1/2컵

2 양파·고추·마늘 썰기

3 볶기

두반장부터 넣고 볶으세요.

4 양념해 조리기

5 간하기

1 **가지 손질하기** 가지는 길게 반 갈라 어슷 썬다.

2 **양파·고추·마늘 썰기** 고추는 반 갈라 씨를 턴 후 잘게 썬다. 양파와 마늘도 잘게 썬다.

3 **볶기** 달군 팬에 기름을 두르고 잘게 썬 마늘과 고추, 양파를 볶다가 향이 나면 가지를 넣어 볶는다.

4 **양념해 조리기** 가지가 어느 정도 익으면 두반장과 설탕을 넣어 볶다가 육수를 붓는다. 육수가 바글바글 끓으면 분량의 녹말물을 넣고 조린다.

5 **간하기** 걸쭉해지면 소금과 후춧가루로 간을 맞추고 참기름으로 맛을 낸다.

Q 궁금해요!

쓰임새 많은 두반장, 무슨 맛일까?

A 누에콩으로 만든 된장에 고추를 갈아 넣고 갖은 향신료를 넣어 발효시킨 중국소스예요. 맵고 톡 쏘는 맛에 짠맛도 강하고 독특한 향이 나요. 색이 선홍색을 띠고 기름이 많은 것, 응고되지 않은 것을 고르는 게 요령이에요.

채소반찬

116 kcal

고구마채소조림

고구마와 채소를 간장양념에 조린 반찬.
냉장고에 남은 채소를 이용하기 좋고, 평일에 두고 먹기도 좋다.

재료 | 4인분

20분

고구마 2개
당근·양파 1/2개씩
피망 1개
표고버섯 2~3장
물 1/2컵
조림장
간장 3큰술
마늘 2쪽
설탕 1작은술

1 고구마 손질하기

2 채소·버섯 준비하기

물에
어느 정도 볶다가
조림장을 넣어요.

5 조림장 넣고 조리기

1 **고구마 손질하기** 고구마는 솔로 문질러 씻어 껍질째 큼직하게 썬다.

2 **채소·버섯 준비하기** 당근과 양파, 피망은 손질한 후 깨끗이 씻어 고구마와 비슷한 크기로 썬다. 표고버섯은 기둥을 떼어내고 4등분한다.

3 **조림장 만들기** 마늘을 얇게 저민 후 분량의 간장, 설탕을 넣고 고루 섞는다.

4 **채소·버섯 볶기** 두꺼운 팬에 물을 조금 붓고 고구마, 당근, 양파, 피망, 표고버섯을 볶는다.

5 **조림장 넣고 조리기** 고구마와 당근이 어느 정도 익으면 남은 물을 붓고 미리 만들어 둔 조림장을 넣어 뚜껑을 덮고 중불에서 조린다.

Q 궁금해요!

고구마를 맛있게 조리하려면?

A 길쭉한 것은 섬유질이 많아 말랑하고 달착지근하며, 동글동글한 것은 전분이 많아 밤 맛이 나요. 껍질 벗긴 고구마는 엷은 설탕물에 담가두면 변색을 막고, 볶거나 조릴 때도 물에 담갔다가 조리하면 전분질이 제거되어 그릇에 들러붙지 않아요.

176 kcal

단호박베이컨구이

단호박의 단맛과 베이컨의 고소한 맛이 어우러진 별미반찬.
모양도 특별해 아이들에게 특히 인기다.

재료 | 2인분

20분

단호박 1/4개
베이컨 4장
다진 마늘 1큰술
버터 조금
소금·후춧가루 조금씩
소스
머스터드 1큰술
마요네즈 5큰술
다진 마늘 1큰술

단호박을 전자레인지에
5분 정도 익혀서 껍질을
벗기면 더 쉬워요.

단호박은 속까지
익은 상태여야 해요.

1 단호박 준비하기

3 익힌 단호박에 베이컨 감기

5 소스 곁들이기

1 **단호박 준비하기** 단호박은 속씨를 발라낸 다음 6등분을
해서 껍질을 벗긴다.

2 **단호박 익히기** 껍질 벗긴 단호박을 내열그릇에 담아
전자레인지에 가열해 속까지 완전히 익힌다.

3 **익힌 단호박에 베이컨 감기** 익힌 단호박에 베이컨을
감는다.

4 **굽기** 달군 팬에 버터를 두른 후 다진 마늘을 볶다가
베이컨 두른 단호박을 넣고 앞뒤로 굽는다. 소금,
후춧가루로 간하고 베이컨이 노릇하게 구워지면 불에서
내린다.

5 **소스 곁들이기** 분량의 양념을 섞어 소스를 만든 후
단호박베이컨구이에 곁들인다.

궁금해요!

쓰고 남은 단호박 보관법

A 직사광선을 피해 서늘한 곳에 보관해요. 오래 보관해
야 하거나 토막을 낸 경우 속씨를 긁어내고 비닐랩으로
싸서 냉동실에 보관하세요.

채소반찬

86kcal

모둠버섯참깨소스

팽이버섯과 양송이버섯의 향을 그대로 살린 건강식.
참깨소스의 고소한 맛이 버섯요리와 잘 어울린다.

재료 | 4인분

15분

팽이버섯 1봉지
양송이버섯 5개
붉은 양파 1/5개
양파 1/4개
파슬리 조금

참깨소스
통깨 3큰술
마요네즈 1큰술
설탕·식초 2작은술씩
소금 1/4작은술

1 버섯 손질하기

2 버섯 데치기

끓는 물에 살강거릴
정도로만 데쳐요

3 양파채 찬물에 담가두기

물에 담가
매운맛을 빼세요!

4 참깨소스 만들기

1 **버섯 손질하기** 팽이버섯은 가닥이 흐트러지지 않게
밑동을 자른다. 양송이버섯은 껍질을 벗기고
2~4등분한다.

2 **버섯 데치기** 끓는 물에 손질한 팽이버섯과 양송이버섯을
살짝 데친 후 찬물에 헹궈 물기를 뺀다.

3 **양파채 찬물에 담가두기** 양파는 곱게 채 썰어 물에 담가
매운맛을 없앤 후 건져둔다.

4 **참깨소스 만들기** 믹서에 분량의 통깨와 마요네즈, 설탕,
식초, 소금을 넣고 간다.

5 **참깨소스 끼얹기** 접시에 데친 팽이버섯과 양송이버섯, 채
썬 양파를 담고 파슬리를 조금 올린 후 참깨소스를 듬뿍
끼얹는다.

Q 궁금해요!

'삶다'와 '데치다'의 차이

A '삶다'는 물에 감자나 고구마 등의 재료를 넣고 다소
오랫동안 푹 끓이는 것을 말하지요. 하지만 '데치다'는 시
금치나 냉이처럼 연한 재료를 단시간에 후다닥 익히는 것
을 의미한답니다. 즉 재료를 끓는 물에 살짝 담갔다가 꺼
내 표면에 살짝 열을 가하는 것을 데친다고 표현하지요.

채소반찬

182kcal

부추잡채

술안주도 되고, 별미반찬도 되는 메뉴를 원한다면 부추잡채로 솜씨를 발휘해보자.
굴소스를 넣으면 감칠맛이 살아난다.

재료 | 4인분

15분

부추 1/2단
돼지고기(안심) 150g
마늘 2쪽
생강 1/2톨
굴소스 1큰술
청주 1/2큰술
참기름 적당량
후춧가루 조금
식용유 적당량

1 **부추 손질하기** 부추는 뿌리를 깨끗하게 다듬어 씻어 4cm 길이로 잘라 놓는다.

2 **돼지고기 채썰기** 돼지고기는 살코기로 준비해 5cm 길이로 가늘게 채 썬다.

3 **마늘·생강 준비하기** 마늘과 생강도 가늘게 채 썬다.

4 **돼지고기 볶기** 달군 팬에 기름을 두르고 채 썬 마늘과 생강을 넣어 향을 낸 다음 채 썬 돼지고기를 넣어 볶는다.

5 **간하기** 돼지고기가 익으면 굴소스, 청주, 후춧가루로 간을 한다.

6 **부추 넣어 볶기** 돼지고기에 간이 잘 배면 부추를 넣은 뒤 참기름을 두르고 잠깐 볶아 접시에 담는다.

불에서 내리기 전에 참기름을 두르고 잠깐 볶아요.

1 부추 손질하기

6 부추 넣어 볶기

궁금해요!

부추잡채 맛깔스럽게 볶으려면?

A 부추는 센 불에서 재빨리 볶아야 색이 변하거나 숨이 죽지 않아요. 고기를 먼저 볶다가 다 익으면 부추를 넣고 참기름을 둘러 센 불에 잠깐 볶아보세요. 윤기가 나고 푸른색도 선명해 보기만 해도 군침이 돌아요. 부추 대신 피망을 넣어도 맛있어요.

채소반찬

108kcal

알감자조림

알감자는 껍질째 조려 손질하기도 쉽고 씹는 맛도 좋다.
메추리알이 있으면 함께 조려도 맛있다.

재료 | 4인분

20분

알감자(작은 것) 300g
풋고추·붉은고추 1개씩
통깨 조금
조림양념장
다시마물 1컵
간장 3큰술
설탕 2큰술
마늘 4쪽
청주 2큰술
물엿 1큰술

> 조리는 중간
> 양념장을 자주
> 끼얹어 간이 고루
> 배게 해요.

1 **알감자 손질하기** 알감자는 껍질째 깨끗이 씻어 건진 후 전자레인지에서 5분 정도 가열해 익힌다.
2 **고추 썰기** 풋고추와 붉은고추는 반 갈라 씨를 털어낸 후 잘게 썬다.
3 **조림양념장 만들기** 분량의 양념을 고루 섞는다.
4 **알감자 조리기** 살짝 익힌 알감자를 냄비에 넣고 조림양념장을 부어 서서히 조린다.
5 **고추 올리기** 알감자조림이 완성되면 잘게 썬 고추와 통깨를 뿌린다.

1 알감자 손질하기

4 알감자 조리기

 궁금해요!

감자를 제대로 고르는 요령

A 껍질이 얇고 단단하며 눈 자국이 깊지 않은 것, 울퉁불퉁하지 않고 둥근 것이 좋아요. 껍질이 녹색을 띠는 것은 아린맛이 강하고, 싹이 나오거나 주름진 것은 묵은 것이니 피하세요.

채소반찬

269kcal

애호박부추전

애호박과 부추에 새우를 넣은 전. 애호박과 부추는 소화흡수가 잘 되고 두뇌계발 등에 효능이 있어 온가족 건강 반찬이다.

재료 | 4인분

25분

애호박 1개
부추 1/2단
새우살 100g
풋고추 3개
붉은고추 2개
소금 조금
식용유 적당량

반죽
밀가루 1컵
달걀 3개
다진 마늘 1/2작은술
다진 생강 1작은술
소금 조금

애호박은 사과 껍질을 벗기듯 돌려 깎아 채 썰어요.

1 애호박·부추 준비하기

애호박과 부추만 넣고 반죽해요.

4 채소 섞어 반죽하기

5 고추채·새우살 올리기

1 **애호박·부추 준비하기** 애호박은 돌려 깎아 채 썬 후 소금에 살짝 절인다. 부추는 뿌리를 다듬어 5cm 길이로 자른다.

2 **새우살 씻기** 새우살은 소금물에 살살 흔들어 씻어 체에 건져둔다.

3 **고추 채썰기** 풋고추와 붉은고추는 반 갈라 씨를 턴 후 가늘게 채 썬다.

4 **채소 섞어 반죽하기** 애호박과 부추에 소금, 다진 마늘·생강, 밀가루를 넣어 고루 섞은 후 달걀을 깨뜨려 넣고 젓가락으로 살살 섞어 반죽한다.

5 **고추채·새우살 올리기** 달군 팬에 기름을 두른 후 반죽을 한 숟가락씩 떠 놓고 다 익기 전에 고추채와 새우살을 올려 약한 불에서 노릇하게 앞뒤로 지진다.

Q 궁금해요!

애호박전을 바삭하게 부치려면?

A 애호박은 반죽하기 전에 미리 소금을 뿌려 수분을 빼야 바삭하고 맛있는 전을 만들 수 있어요. 수분을 빼지 않고 전을 하면 애호박에서 수분이 빠져나와 기름이 튀고 눅눅해진답니다.

75kcal

양배추베이컨볶음

양배추와 베이컨을 매콤한 살사소스에 볶은 멕시코풍 반찬.
한 잔 하고 싶은 금요일 밤, 술안주로도 그만이다.

재료 | 4인분

10분

양배추 3장(100g)
베이컨 3장
실파 3뿌리
붉은고추 1개
마늘 2쪽
살사소스 2큰술
소금·후춧가루 조금씩
올리브오일 1큰술

키친타월에 올려
기름을 빼세요!

1 양배추 썰기

2 베이컨 구워 썰기

5 베이컨 넣어 볶기

6 실파·고추 넣고 간하기

1 **양배추 썰기** 양배추는 한 장씩 떼어내 씻은 후 물기를
빼고 사방 3cm 크기로 썬다.

2 **베이컨 구워 썰기** 달군 팬에 기름 없이 베이컨을 구운 후
키친타월에 올려 기름기를 빼고 1cm 폭으로 썬다.

3 **실파·고추·마늘 썰기** 실파는 작게 송송 썰고 붉은고추는
반 갈라 씨를 턴 후 가늘게 채 썬다. 마늘은 굵게 다진다.

4 **양배추 볶기** 달군 팬에 올리브오일을 두르고 다진 마늘을
볶다가 향이 나면 양배추를 함께 볶는다.

5 **베이컨 넣어 볶기** 양배추의 숨이 죽기 시작하면 베이컨과
살사소스를 넣고 약한 불에서 볶는다.

6 **실파·고추 넣고 간하기** 양배추와 베이컨이 잘 어우러지면
실파와 채 썬 고추를 넣고 소금, 후춧가루로 간을 한다.

Q 궁금해요!

살사소스는 무엇으로 만들었을까?

A 살사란 스페인어로 '양념'이라는 뜻이에요. 매운맛의
멕시코요리에 주로 쓰이는데 대형마트에 가면 쉽게 구입
할 수 있어요. 토마토, 고추, 양파, 레몬즙, 식초를 섞어 만
든 소스로 색깔도 빨갛답니다.

126kcal

연근장조림

연근과 메추리알을 장조림양념에 조린 밑반찬.
주말에 시간 내어 미리 만들어두면 반찬 없는 날, 아주 요긴하다.

재료 | 4인분

30분

연근 150g
메추리알 15개
식초 1작은술
소금 조금
장조림양념장
다시마물 1/2컵
간장 5큰술
설탕 2큰술
청주 1큰술
마늘 5쪽
통후추 5알

연근이 잠길 정도로
식촛물을 넉넉히
부어요.

2 연근 식촛물에 담그기

3 메추리알 삶기

5 장조림양념장에 조리기

1 **연근 손질하기** 연근은 깨끗이 씻어 필러로 껍질을 벗긴 후
   도톰하게 썬다.

2 **연근 식촛물에 담그기** 넓은 그릇에 연근을 담고 식촛물을
   넉넉히 부어 10분 정도 둔다.

3 **메추리알 삶기** 메추리알은 소금을 조금 넣은 물에 넣고
   완숙으로 삶은 뒤 찬물에 헹구어 껍질을 벗긴다.

4 **장조림양념장 만들기** 냄비에 준비한 양념을 분량대로
   넣고 한소끔 끓여 장조림양념장을 만든다.

5 **장조림양념장에 조리기** 장조림양념장에 연근과
   메추리알을 넣고 은근한 불에서 윤기 나게 조린다.

 궁금해요! - - - - - - - - - -

연근의 떫은맛을 없애려면?

A 연근은 조리하기 전 식촛물에 담가 갈변을 막고, 끓는
소금물에 데쳐 떫은맛을 없애야 해요. 이때 너무 데치면
아삭아삭한 맛이 없어지므로 살짝 데쳐서 찬물에 헹궈요.

채소반찬

149kcal

죽순채무침

색다른 반찬을 원할 때, 통조림 죽순을 사다 쇠고기와 볶아보자.
일주일동안 해먹고 남은 채소를 모아 함께 볶아도 좋다.

재료 | 4인분

25분

죽순통조림 200g
쇠고기 100g
미나리 한 움큼
숙주 한 줌(50g)
식용유 적당량

고기양념
간장 1큰술
설탕 1/2큰술
다진 마늘 1작은술
다진 파 2작은술
후춧가루 · 참기름 조금씩
깨소금 2작은술

무침양념장
간장 1큰술
다진 마늘 1큰술
다진 파 1/2큰술
깨소금 · 참기름 조금씩

> 죽순은 통조림에서
> 꺼내어 석회분을
> 젓가락으로 떼어내요.

1 죽순 썰어 볶기

2 고기 밑간해 볶기

3 미나리 · 숙주 준비하기

1 **죽순 썰어 볶기** 죽순은 통조림에서 꺼내어 빗살 모양으로 납작하게 썬 후 팬에 기름을 둘러 볶는다.

2 **고기 밑간해 볶기** 쇠고기는 살코기로 준비해 채 썰고 고기양념에 쟀다가 볶는다.

3 **미나리 · 숙주 준비하기** 미나리는 4cm 길이로 잘라 끓는 물에 소금을 넣고 데친다. 숙주는 머리와 꼬리를 다듬어 씻은 후 데친다.

4 **무침양념장 만들기** 준비한 양념을 분량대로 고루 섞는다.

5 **죽순 · 고기 · 채소 무치기** 볶아둔 죽순과 쇠고기, 데친 미나리와 숙주를 한데 담아 무침양념장에 버무린다.

 **Q** 궁금해요!

남은 죽순 보관법

A 죽순을 그대로 두면 갈색으로 변하므로 엷은 설탕물에 담가둬야 해요. 냉장고에 둔 경우 하루에 한 번씩 물을 새로 갈아주세요.

채소반찬

99 kcal

콩나물당면무침

콩나물이 조금밖에 없을 때, 당면을 함께 무치면 먹음직스럽다.
파채를 넣거나 냉장고에 남은 채소를 더해 무쳐도 좋다.

재료 | 4인분

20분

콩나물 100g
당면 50g
쪽파 3뿌리
소금 적당량

무침양념
고춧가루 1작은술
다진 마늘 1큰술
소금 1작은술
참기름 1큰술
후춧가루·통깨 조금씩

끓는 소금물에
뚜껑을 덮고
삶아요.

1 콩나물 삶기

2 당면 불려 데치기

4 양념 넣어 무치기

1 **콩나물 삶기** 콩나물은 머리와 꼬리를 다듬어 씻은 후 끓는
   물에 소금을 넣고 삶는다.
2 **당면 불려 데치기** 당면은 미지근한 물에 30분 정도 불린
   다음 7cm 길이로 썰어 끓는 물에 데쳐 건져둔다.
3 **쪽파 썰기** 쪽파는 손질해 잘게 송송 썬다.
4 **양념 넣어 무치기** 삶은 콩나물, 데친 당면에 무침양념을
   분량대로 넣고 조물조물 무친다.

Q 궁금해요!

당면 대신 파채를 넣을 때

A 채 썬 파를 찬물에 담가 바락바락 주물러 여러 번 헹
궈주세요. 파의 진액이 빠져나와 미끈거리지 않고 파가 한
결 생생해지면서 또르르 말려 보기도 좋아요. 헹군 파채는
찬물에 30분~1시간 정도 담가두면 매운맛이 사라지고 아
삭해요.

231kcal

피망잡채

당면 대신 피망으로 만든 잡채. 피망의 아삭아삭 씹히는 맛이 좋다.
피망은 비타민과 미네랄도 풍부해 손꼽히는 영양 반찬거리다.

재료 | 4인분  30분

피망 1개
붉은고추 2개
쇠고기(홍두깨살) 200g
죽순통조림 60g
굵은 파 1/3대
마늘 2쪽
생강 1/2톨
식용유 적당량

고기양념
간장·청주 1작은술씩
설탕 1작은술
다진 파 1/2큰술
녹말가루 1큰술

볶음소스
간장·굴소스 1큰술씩
설탕 1작은술
후춧가루 조금
청주·참기름 1/2큰술씩

남은 피망은 신문지에 싸거나 비닐봉투에 넣어 냉장고 채소칸에 보관!

1 피망·고추 준비하기

2 고기 밑간해 데치기

밑간한 고기는 기름의 온도를 약하게 하여 데치듯 튀겨요.

5 볶음소스 만들기

Q 궁금해요!

피망 속씨는 긁어낼까? 말까?

A 피망은 흐르는 물에 표면을 문질러가며 씻어 반 갈라 씨는 털어내고 흰부분은 도려낸 후 헹궈서 사용하는데 볶기 전에 살짝 데쳐도 좋아요.

1 **피망·고추 준비하기** 피망과 붉은고추는 반 갈라 씨를 빼내고 씻어 4cm 길이로 채 썬다.

2 **고기 밑간해 데치기** 쇠고기는 4cm 길이로 굵게 채 썰어 고기양념에 쟀다가 기름에 데치듯이 튀긴다.

3 **죽순 데쳐 채썰기** 통조림 죽순은 세로로 반 갈라 빗살무늬 속의 하얀 덩어리를 젓가락으로 빼낸 후 끓는 물에 살짝 데쳐 4cm 길이로 채 썬다.

4 **향신채소 채썰기** 굵은 파, 마늘, 생강도 각각 곱게 채 썬다.

5 **볶음소스 만들기** 준비한 볶음소스 양념을 고루 섞는다.

6 **채소·고기 볶기** 달군 팬에 기름을 두르고 채 썬 향신채소를 볶아 향이 나면 쇠고기, 죽순, 고추, 피망 순으로 넣어 볶는다. 거의 볶아지면 볶음소스를 끼얹어 재빨리 볶아낸다.

127 kcal

갈치무조림

짭조름하게 조린 갈치와 무의 깊은 맛에 밥이 술술 넘어간다.
남은 무 토막을 활용하기에 좋다.

재료 | 4인분

25분

갈치 2마리(200g)
무 1/4개
굵은 소금 적당량
조림장
물 1컵
간장 5큰술
설탕·청주 1큰술씩
다진 마늘 1큰술
마른 붉은고추 1개
생강즙 조금
참기름 1작은술

토막 낸 갈치는
소금물에 씻어요

1 갈치 손질하기

2 무 썰기

조림장을
한소끔 끓여야
깊은 맛이 나요.

3 조림장 끓이기

1 **갈치 손질하기** 갈치는 비늘을 벗기고 내장을 정리해 7cm
길이로 토막 낸 다음 소금물에 씻어 건져 물기를 닦는다.

2 **무 썰기** 무는 손질해 씻은 후 도톰하고 큼직하게 썬다.

3 **조림장 끓이기** 준비한 양념을 분량대로 섞어 냄비에 담고
한소끔 끓인다.

4 **조림장 부어 조리기** 냄비에 무를 깔고 손질한 갈치를 올린
뒤 끓여 놓은 조림장을 부어 자작하게 끓인다.

5 **조림국물을 끼얹어가며 조리기** 불을 약하게 하고 갈치에
조림국물을 끼얹어가며 간이 잘 배도록 조린다. 이때
뚜껑은 열고 조려야 윤기가 난다.

 **Q** 궁금해요!

갈치 비린내 나지 않게 손질하려면?

A 먼저 갈치 표면을 덮고 있는 은백색의 비늘을 긁어내
세요. 이 비늘은 영양가도 없는데다 소화까지 방해하므로
벗겨내고 조리하는 것이 좋아요. 비늘을 제거한 후 내장을
정리하고 토막을 내어 소금물에 담가 씻어 요리하세요.

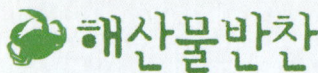

155kcal

고등어두반장구이

고등어를 두반장양념으로 조려 비릿하지 않고 감칠맛이 좋다.
고등어를 싫어하는 아이들도 맛있게 먹을 수 있는 반찬.

재료 | 4인분

20분

고등어(작은 것) 2마리
생강즙 1작은술
청주 1큰술
굵은 소금 적당량
식용유 조금

두반장양념장
두반장 1큰술
고추장 1작은술
간장·설탕·참기름 1작은술씩
다진 마늘 1큰술
통깨 조금

토막 낸 고등어는
소금물에 씻어
밑간해요.

1 고등어 손질하기

3 두반장양념장 만들기

붓으로 바르면
편해요.

5 양념장 발라가며 굽기

1 **고등어 손질하기** 고등어는 내장을 깨끗이 제거하고
머리와 꼬리, 지느러미를 자른 뒤 먹기 좋게 토막 낸다.

2 **고등어 밑간하기** 토막 낸 고등어는 옅은 소금물에 씻어
물기를 닦고 생강즙과 청주로 밑간한다.

3 **두반장양념장 만들기** 준비한 양념을 분량대로 고루
섞는다.

4 **애벌로 굽기** 팬에 기름을 두르고 밑간한 고등어를 앞뒤로
애벌구이한다.

5 **양념장 발라가며 굽기** 애벌구이한 고등어에
두반장양념장을 발라가며 속까지 간이 배도록 굽는다.
고등어가 다 익으면 양념장을 한 번 더 바른 후 접시에
담는다.

Q 궁금해요!

조림용 고등어 손질 요령은?

A 조림을 하기 위해 통으로 썰 때는 배를 갈라 내장을
빼고 소금물에 씻어 물기를 닦은 후 2~3등분 하세요. 자
반고등어는 쌀뜨물에 담가 놓았다가 사용하면 생선살이
부드럽고 비린맛이 덜해요.

269 kcal

골뱅이양파무침

통조림 골뱅이와 양파를 주재료로 매콤하게 무친 반찬.
큰 그릇에 넉넉하게 담아내면 보기도 좋다. 술안주로도 안성맞춤.

재료 | 4인분

10분

골뱅이통조림 1통
오징어채 50g
양파 1개
굵은 파 1대
붉은고추 1개

무침양념장
고춧가루·식초·설탕 2큰술씩
간장·깨소금·참기름 1큰술씩
청주 1작은술
후춧가루 조금

부드러워질 때까지
담가두세요.

1 통조림 골뱅이 썰기

2 오징어채 밑간하기

찬물에 담가두면
매운맛이 없어져요.

3 양파·파·고추 채썰기

1 **통조림 골뱅이 썰기** 통조림 골뱅이는 체에 밭쳐 뜨거운 물을 끼얹은 다음 찬물에 헹궈 먹기 좋은 크기로 썬다. 통조림 국물은 따로 받아둔다.

2 **오징어채 밑간하기** 마른 오징어채는 찬물에 헹궈 물기를 짠 후 통조림 국물에 담가둔다. 부드러워지면 건져내어 국물을 꼭 짠다.

3 **양파·파·고추 채썰기** 양파는 채 썰어 찬물에 담가 매운맛을 없앤 후 체에 밭쳐둔다. 굵은 파와 붉은고추도 곱게 채 썬다.

4 **무침양념장 만들기** 분량의 양념을 고루 섞는다.

5 **버무리기** 골뱅이, 밑간한 오징어채, 채 썬 양파·파·고추를 무침양념장에 살살 버무린다.

Q 궁금해요!

통조림 국물은 버릴까? 말까?

A 골뱅이를 덜어내고 남은 통조림 국물은 버리지 말고 북어포나 오징어채를 담갔다가 꼭 짜서 사용하세요. 따로 양념을 하지 않아도 간이 배어 맛있어요.

75kcal

굴미역무침

상큼하고 시원해서 나른할 때, 입맛 없을 때 제격인 반찬.
미역에 굴 외에 오이, 게살 등을 넣어 무쳐도 좋다.

재료 | 4인분

10분

굴 120g
물미역 100g
미삼 100g
붉은고추 1개
굵은 소금 조금

초간장
간장 2큰술
식초 2큰술
물 2큰술
설탕 1큰술
레몬즙 1작은술

굴은 소금물에
씻어요.

1 굴 손질하기

소금을 넣은
끓는 물에 파랗게
데쳐요.

2 물미역 데친 후 썰기

4 초간장 만들기

1 **굴 손질하기** 굴은 껍질이 붙어 있지 않도록 잘 골라낸 후
   소금물에 흔들어 씻어 건져둔다.
2 **물미역 데친 후 썰기** 물미역은 끓는 물에 소금을 넣고
   파랗게 데친 후 한입 크기로 썬다.
3 **미삼·고추 준비하기** 미삼은 흙을 깨끗이 씻어낸 후
   꼭지를 자르고 자잘한 뿌리와 몸통을 나눈다. 붉은고추는
   반 갈라 씨를 빼고 잘게 썬다.
4 **초간장 만들기** 준비한 분량의 양념을 고루 섞는다.
5 **버무리기** 굴, 데친 미역, 미삼, 고추를 한데 담고
   초간장으로 살살 버무린다.

Q 궁금해요! - - - - - - - - - - - - -

생미역으로 할까? 마른 미역으로 할까?

A 늦겨울, 봄, 초여름에는 생미역이 맛있으므로 이맘때
먹을 미역요리는 생미역으로 요리하는 게 좋아요. 생미역
이든 말린 미역이든 잘 주물러 씻어야 미역 특유의 비릿
한 냄새가 나지 않아요.

87 kcal

게살숙주냉채

냉장고에 남은 자투리 채소로 후다닥 만들 수 있는 별미반찬.
비만이 걱정인 가족을 위한 저칼로리 다이어트식으로도 좋다.

재료 | 4인분

15분

냉동게살 10개(150g)
숙주 1/3봉지(100g)
빨강·노랑·초록 파프리카 1/2개씩
화이트와인 1큰술
마늘즙 1작은술
잣가루 1/2큰술

냉채소스

쯔유 1작은술
참기름 1/2큰술
소금·흰후춧가루 조금씩
육수 1큰술

1 게살 양념해 찌기   2 숙주 삶기

재료를 차게,
물기가 없도록
준비하는 게 포인트!

3 파프리카 채썰기   6 냉채소스에 버무리기

1 **게살 양념해 찌기** 냉동게살은 해동 후 먹기 좋게 찢어 와인과 마늘즙으로 밑간해 찐다.

2 **숙주 삶기** 숙주는 머리와 꼬리를 다듬어 씻은 후 살짝 삶아 찬물에 헹구고 체에 밭쳐둔다.

3 **파프리카 채썰기** 파프리카는 씨 부분을 발라내고 곱게 채 썬다.

4 **냉장 보관하기** 찐 게살, 삶은 숙주, 채 썬 파프리카를 그릇에 담아 냉장고에 넣어 차게 식힌다.

5 **냉채소스 만들기** 준비한 양념을 고루 섞는다.

6 **냉채소스에 버무리기** 먹기 직전에 냉장고에 두었던 재료를 꺼내어 냉채소스에 버무린 후 잣가루를 뿌린다.

Q 궁금해요!

숙주 알맞게 데치는 요령

 숙주가 질겨지지 않게 데쳐야 해요. 우선 냄비에 물을 넉넉히 붓고 소금을 조금 넣어 끓이다가 숙주를 넣어요. 숙주가 모두 잠긴 후 우르르 끓어오르면 불을 끄고 젓가락으로 뒤집어 바로 찬물에 헹구세요. 체에 밭쳐 물기를 뺀 후 지그시 짠 다음 갖은 양념에 무쳐요.

해산물반찬

197 kcal

낙지채소볶음

볶음양념장의 매콤한 맛이 입맛을 살린다.
낙지볶음에 국수를 곁들이면 가벼운 한 끼도 된다.

재료 | 4인분

20분

낙지 300g
소면 100g
양파 1개
굵은 파 1대
풋고추 · 붉은고추 1개씩
굵은 소금 적당량
식용유 적당량

소면양념
간장 · 설탕 · 참기름 조금씩

볶음양념장
고추장 · 다진 파 2큰술씩
간장 · 고춧가루 1큰술씩
다진 마늘 · 생강즙 · 청주 1큰술씩
깨소금 · 후춧가루 · 참기름 조금씩

1 낙지 데치기

2 소면 삶기

센 불에 재빨리 볶아요!

4 낙지 · 채소 양념하기

5 양념한 낙지 · 채소 볶기

1 **낙지 데치기** 낙지는 굵은 소금으로 거품이 나도록 주물러 씻은 다음 끓는 물에 살짝 데쳐 3~4cm 길이로 자른다.

2 **소면 삶기** 소면은 끓는 물에 소금을 조금 넣고 삶아 찬물에 헹군 후 물기를 빼둔다.

3 **양파 · 파 · 고추 썰기** 양파는 채 썰고 굵은 파와 고추는 어슷 썬다.

4 **낙지 · 채소 양념하기** 데친 낙지와 채 썬 양파, 어슷 썬 파와 고추에 볶음양념장을 넣고 버무린다.

5 **양념한 낙지 · 채소 볶기** 달군 팬에 기름을 살짝 두르고 양념한 낙지와 채소를 볶는다.

6 **소면 양념해 담기** 삶은 소면을 간장, 설탕, 참기름으로 양념해 그릇에 담고 낙지채소볶음을 올린다.

Q 궁금해요!

낙지볶음에 물이 생기지 않게 하려면?

A 낙지와 채소를 양념에 버무려 두었다가 센 불에 재빨리 볶아야 해요. 소금을 넣은 끓는 물에 낙지를 살짝 데친 후 볶아도 물이 생기지 않고 낙지도 질겨지지 않아요.

209kcal

삼치토마토케첩조림

삼치를 토마토케첩소스에 조려 맛이 색다르다.
별미요리가 생각나는 주말반찬으로 강추.

재료 | 2인분

25분

삼치 1마리
굵은 소금 조금
식용유 1큰술
토마토케첩소스
토마토케첩 3큰술
설탕 1/2작은술
다진 마늘 1/2작은술
후춧가루·파슬리가루 조금씩
육수 또는 물 적당량

1 **삼치 손질하기** 삼치는 머리와 꼬리를 자르고 등뼈를
중심으로 포를 뜬 후 잔가시까지 깨끗이 골라낸다.

2 **삼치 토막 내기** 뼈를 발라낸 삼치는 4~5cm 길이로 잘라
소금물에 헹궈 건진다.

3 **토마토케첩소스 만들기** 준비한 양념을 분량대로 고루
섞는다.

4 **삼치 굽기** 달군 팬에 기름을 두르고 삼치를 앞뒤로
굽는다.

5 **토마토케첩소스 발라 조리기** 애벌구이한 삼치에
토마토케첩소스를 골고루 발라가며 윤기 나게 조린다.

삼치를 앞뒤로
구운 후 조려요.

3 토마토케첩소스 만들기

5 토마토케첩소스 발라 조리기

 궁금해요!

삼치 손질시 주의할 점은?

A 삼치는 가시가 많으므로 잘 발라내야 해요. 등뼈를 가
운데 두고 포를 뜨듯이 살을 발라낸 다음 잔가시를 정리
하는데, 특히 아가미쪽 가시를 잘 발라내야 해요.

189kcal

새우해파리냉채

집에서 쉽게, 맛있게 만들 수 있는 냉채요리.
새우, 해파리 등 해물 몇 가지만 있으면 후다닥 완성할 수 있다.

재료 | 4인분

20분

새우 8마리
해파리(염장) 300g
셀러리 2대
치커리 한 줌
레몬즙 1큰술
칠리소스 3큰술

냉채소스

다진 마늘·발효겨자 1큰술씩
설탕·소금·후춧가루 1큰술씩
라유 1큰술
오렌지주스 2큰술
식초 2큰술

채 썬 해파리를
찬물에 30분 이상 담가
소금기를 없앤 후 데쳐요.

1 새우 손질하기

2 해파리 데치기

냉채소스는
냉장고에 차게
두세요.

4 셀러리·치커리 준비하기

5 냉채소스 만들기

1 **새우 손질하기** 새우는 등쪽의 내장을 이쑤시개로 빼내고 끓는 물에 데쳐 껍질을 벗긴다.

2 **해파리 데치기** 해파리는 돌돌 말아서 곱게 채 썬 후 끓는 물에 살짝 데쳐 찬물에 헹군다.

3 **데친 해파리 차게 두기** 데친 해파리는 물기를 꼭 짠 다음 레몬즙을 뿌려 냉장고에 차게 둔다.

4 **셀러리·치커리 준비하기** 셀러리는 섬유질을 벗겨내고 얇게 채 썰어 찬물에 헹궈 건진다. 치커리도 씻어 건진다.

5 **냉채소스 만들기** 분량의 양념을 섞어 냉채소스를 만든다.

6 **소스 끼얹기** 셀러리와 치커리를 접시에 담고 해파리와 새우를 보기 좋게 올린 후 냉채소스와 칠리소스를 끼얹는다.

Q 궁금해요!

새우는 어떻게 손질해야 하나?

A 새우 등에는 쓴맛이 나는 내장이 있어요. 큰 새우일수록 실같은 검은 내장도 커서 쓴맛도 강하므로 새우의 등을 구부린 후 머리에서 두세 번째 마디에 이쑤시개를 찔러 넣어 내장을 살짝 들어 올리듯 빼내요. 녹색이나 누런색 내장은 맛있는 성분이므로 굳이 제거할 필요가 없어요.

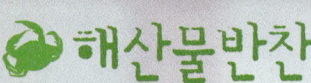

244kcal

아귀찜

주말에는 평소 만들기 복잡한 메뉴에 도전!
콩나물과 미나리를 듬뿍 넣은 아귀찜은 아작아작 씹히는 맛도 좋고 영양가도 최고다.

재료 | 4인분

35분

아귀 800g
미더덕·콩나물 200g씩
미나리 한 줌
붉은고추 1/2개
고춧가루 3큰술
다진 마늘·국간장 2큰술씩
생강즙 1큰술
청주·소금·후춧가루 조금씩
찹쌀가루 4큰술
굵은 소금 적당량
육수 4컵

고추냉이소스
간장·고추냉이 적당량씩

1 아귀 손질하기

3 미더덕 씻기

아귀 데친 물을
육수로 사용해요.

5 육수 부어 끓이기

양념이 밴 아귀는
건져내요.

6 찐 콩나물 넣기

1 **아귀 손질하기** 아귀는 입 부분과 지느러미, 꼬리를 잘라내고 내장과 핏기를 씻어낸 다음 5cm 크기로 썰어 체에 밭쳐둔다.

2 **아귀 데치기** 손질한 아귀를 끓는 물에 살짝 데친다. 아귀 데친 물은 육수로 사용한다.

3 **미더덕 씻기** 미더덕은 소금물에 씻어 바늘로 구멍을 낸다.

4 **콩나물·미나리 준비하기** 콩나물은 다듬어 씻어 찜통에 찌고, 미나리는 잎을 다듬어 씻은 후 먹기 좋은 길이로 썬다. 붉은고추는 어슷 썬다.

5 **육수 부어 끓이기** 냄비에 데친 아귀, 손질한 미더덕을 넣고 고춧가루, 다진 마늘, 생강즙, 국간장, 청주로 양념해 육수를 부어 끓인다.

6 **찐 콩나물 넣기** 아귀에 양념이 배면 건져내고 찐 콩나물을 넣어 끓이면서 찹쌀가루를 풀어 넣는다.

7 **간해서 찌기** 국물이 걸쭉해지면 건져둔 아귀와 손질한 미나리, 고추를 넣고 소금과 후춧가루로 간해 찜을 한다. 찜이 다 되면 간장에 고추냉이를 섞어서 곁들인다.

Q 궁금해요!

아귀찜이 맛있으려면?

A 아귀와 미더덕을 먼저 양념해서 익혀야 해요. 아귀에 간이 배면 아귀는 건져내고 같은 양념장에 콩나물을 익히면 아귀는 쫄깃하고, 콩나물은 질기지 않고 아작한 맛이 좋아요.

해산물반찬

207 kcal

코다리양념찜

코다리는 명태를 반 정도만 말린 것으로 살이 쫄깃하다.
고추·당근·양파 등을 넣고 짭짤하게 양념하면 밥반찬으로 최고.

재료 | 4인분

30분

코다리 2마리
우엉 1/2대(80g)
꽈리고추 8개
양파 1/3개
굵은 파 1/3대
다시마(작은 조각) 3장
소금·후춧가루 조금씩
물 적당량

조림장
간장 3큰술
고추장 1큰술
청주 2큰술
생강즙 1/2큰술
설탕 2큰술

1 코다리 손질하기

5 조림장 끼얹어 조리기

거품을 걷어내면서
중불로 졸여
서서히 조려요

6 꽈리고추 넣고 간하기

1 **코다리 손질하기** 코다리는 머리와 꼬리를 잘라내고
지느러미도 가위로 자른 뒤 4~5cm 길이로 토막 낸다.

2 **우엉·고추 준비하기** 우엉은 필러로 껍질을 벗겨 5cm
길이로 채 썰고 꽈리고추는 꼭지를 따고 씻는다.

3 **양파·파 썰기** 양파는 3cm 폭으로 굵게 채 썰고, 굵은
파는 4cm 길이로 큼직하게 썬다.

4 **조림장 만들기** 준비한 양념을 분량대로 고루 섞는다.

5 **조림장 끼얹어 조리기** 냄비에 양파와 다시마를 깔고
코다리 토막을 얹은 후 파와 우엉채를 올려 조림장을
끼얹는다. 물을 잘박하게 부어 바글바글 끓인다.

6 **꽈리고추 넣고 간하기** 양념국물이 자작하게 졸아들면
꽈리고추를 올려 살짝 더 조린 후 소금, 후춧가루로 간을
맞춘다.

Q 궁금해요!

코다리는 어떤 게 맛있을까?

A 코다리를 고를 때 너무 바짝 마르거나 덜 말라 축축한
것은 피하고 살이 많은 것으로 고르세요. 또한 칼집이 나
있는 배 쪽의 살색이 누렇고 냄새가 고약하면 상한 것이
므로 고를 때 주의하세요.

해산물반찬

106 kcal

파래전

파래 반죽을 해서 노릇하게 지지면 고소하고 향긋한 맛이 일품.
파래 반죽을 할 때 버섯을 잘게 썰어 넣으면 영양도 좋아지고 쫄깃하게 씹히는 맛도 좋다.

파래가 덩어리지지 않게 훌훌 털어 넣으세요.

재료 | 4인분

1 파래 데치기

3 파래·버섯 양념하기

4 밀가루·달걀물에 버무리기

5 지지기

15분

파래 2컵
팽이버섯 1봉지
밀가루 4큰술
달걀 2개
식용유 적당량

양념장
간장 1/2큰술
소금·참기름 1작은술씩
설탕·다진 마늘 1/2작은술씩

초간장
간장·식초·물 2큰술씩
설탕 1작은술

1 **파래 데치기** 파래는 깨끗이 씻어 끓는 물에 데친 후
  찬물에 헹구고 물기를 꼭 짜서 짧게 썬다.
2 **팽이버섯 준비하기** 팽이버섯은 씻어 밑동을 자르고
  파래처럼 짧게 썬다.
3 **파래·버섯 양념하기** 짧게 썬 파래와 팽이버섯에 양념장을
  넣고 조물조물 무친다.
4 **밀가루·달걀물에 버무리기** 양념한 파래와 팽이버섯에
  밀가루를 넣고 달걀을 풀어 반죽을 한다.
5 **지지기** 달군 팬에 기름을 두른 후 반죽을 한 숟가락씩
  떠서 앞뒤로 노릇하게 지진다.
6 **초간장 곁들이기** 초간장을 만들어 파래전에 곁들인다.

Q 궁금해요!

전의 쫀득한 맛을 살리려면?

A 반죽을 할 때 밀가루나 부침가루에 쌀가루를 섞어 보
세요. 이때 반죽의 농도는 약간 걸쭉한 정도가 알맞아요.
반죽이 너무 되직하면 딱딱해서 맛이 없고 반대로 너무
묽으면 부침개 모양이 흐트러져 예쁘게 부쳐지지 않아요.
반죽을 냉장고에서 1~2시간 정도 숙성시킨 후 부치면 쫀
득하고 바삭한 맛이 나요.

해산물반찬

226kcal

해물굴소스조림

굴소스 양념만으로 충분히 맛낼 수 있는 금토일 별미반찬.
제철을 맞아 한창 물오른 해물로 솜씨를 발휘해보자.

재료 | 4인분
20분

홍합 300g
해삼 1개
오징어 1마리
새우 5마리
붉은고추 5개
마늘 3쪽
굵은 파 1대
물엿 1/2큰술
참기름 조금

양념장
굴소스 · 청주 3큰술씩
설탕 1큰술
육수 1컵

1 홍합 데치기

5 해산물 조리기

6 향신채소 · 물엿 · 참기름 넣기

4 양념장 끓이기

1 **홍합 데치기** 홍합은 살만 준비해 끓는 물에 살짝 데친다.
2 **해삼 · 오징어 · 새우 준비하기** 해삼은 저며 썰고 오징어는
  껍질을 벗긴 후 잔칼집을 넣어 한입 크기로 썬다. 새우도
  씻어 건져둔다.
3 **고추 · 파 · 마늘 썰기** 붉은고추와 굵은 파는 큼직하게 썰고
  마늘은 저며 썬다.
4 **양념장 끓이기** 냄비에 육수를 붓고 끓이다가 굴소스와
  청주, 설탕을 분량대로 넣어 끓인다.
5 **해산물 조리기** 양념장이 끓으면 준비한 홍합과 해삼,
  오징어, 새우를 넣고 조린다.
6 **향신채소 · 물엿 · 참기름 넣기** 해산물이 익으면 파, 마늘,
  고추를 넣고 물엿, 참기름을 섞어 윤기 나게 조린다.

Q 궁금해요!

물엿 · 조청 · 올리고당, 어떻게 다를까?

A 물엿과 조청은 기본적으로 같아요. 쌀, 좁쌀, 옥수수
등 곡류로 만든 게 조청(물엿)인데, 어떤 곡류로 얼마나 오
래 끓였느냐에 따라 맛과 색이 달라져요. 깔끔하고 담백한
맛을 내려면 물엿, 깊고 풍부한 맛을 내려면 쌀엿이 좋아
요. 올리고당은 장을 튼튼하게 하는 기능성 당으로 물엿이
나 조청 대용으로 쓸 수 있어요.

고기반찬

484kcal

LA갈비구이

기름기와 살코기가 적당히 어우러져 아이들도 먹기 좋은 LA갈비.
기본양념을 끓여 녹말물로 걸쭉하게 만든 갈비양념이 특징이다.

재료 | 2인분

50분

LA갈비 600g
다진 마늘·파 3큰술씩
배즙 1/4컵
깨소금·참기름 1큰술씩
후춧가루 1작은술

기본양념
간장 5큰술
설탕·청주 2큰술씩
통후추 5개
생강쪽 조금
다시마물 1컵

녹말물
녹말가루 1작은술
물 3작은술

콕콕 찔러야 구울 때
오그라들지 않아요.

1 LA갈비 손질하기   2 기본양념 만들기

1 **LA갈비 손질하기** LA갈비는 찬물에 30분 정도 담가
   핏물을 빼고 깨끗이 씻어 물기를 뺀 후 칼끝이나 포크로
   여러 곳을 콕콕 찌른다.

2 **기본양념 만들기** 준비한 양념을 고루 섞어 약한 불에
   조리다가 반으로 줄면 체에 내린다.

3 **녹말물 부어 끓이기** 체에 내린 기본양념에 녹말물을 부어
   걸쭉해질 때까지 끓인다.

4 **LA갈비 양념하기** 기본양념이 식으면 다진 파·마늘, 배즙,
   깨소금, 후춧가루, 참기름을 분량대로 넣고 고루 섞어
   갈비에 발라 잰다.

5 **LA갈비 굽기** 갈비에 양념이 잘 배면 석쇠나 오븐, 그릴
   등에 넣고 먹음직스럽게 굽는다.

 궁금해요!

쇠갈비가 질길 때 손질법

A 양념장에 파인애플, 키위, 배 등을 갈아 넣고 갈비를
재면 고기가 연해져요. 그 중에서도 키위가 연육 효과가
높은데 너무 오래 재면 고기가 흐물흐물해지므로 주의하
세요. 고기망치로 살집을 가볍게 두들겨서 섬유질을 끊어
주는 것도 방법이에요.

442kcal

닭날개매운양념구이

집에서 즐기는 패밀리레스토랑의 바로 그 맛.
칠리파우더와 파프리카파우더로 맛과 향을 낸다.

재료 | 2인분

35분

닭날개 20개
상추 또는 서양채소 적당량
머스터드소스 2큰술
식용유 2컵

닭날개양념
양파즙 3큰술
청주 1큰술
소금 1작은술
후춧가루 2작은술

튀김옷
칠리파우더 1큰술
파프리카파우더 2작은술
달걀 1개

1 닭날개 손질하기

4 상추 준비하기

1 **닭날개 손질하기** 닭날개를 씻어 헹군 후 체에 밭쳐 물기를
없애고 잔칼집을 넣는다.

2 **닭날개 밑간하기** 손질한 닭날개에 양파즙, 청주, 소금,
후춧가루를 고루 뿌려 밑간한다.

3 **튀김옷 만들기** 칠리파우더, 파프리카파우더, 달걀을
분량대로 고루 섞어 튀김옷을 만든다.

4 **상추 준비하기** 상추 또는 서양채소를 흐르는 물에 깨끗이
씻어 물기를 털어내고 손으로 뜯어 놓는다.

5 **닭날개 튀기기** 밑간한 닭날개에 튀김옷을 입힌 후
180℃에서 노릇하게 튀긴다.

6 **머스터드소스 곁들이기** 튀긴 닭날개와 상추 또는
서양채소를 보기 좋게 담고 머스터드소스를 곁들인다.

Q 궁금해요!

칠리파우더와 파프리카파우더,
어떤 요리에 쓸까?

A 칠리파우더는 고춧가루처럼 매운맛의 서양양념이에요.
고추, 후춧가루, 향신료 등을 조합해 이국적인 맛과 향을
내는데 특히 매운맛의 등갈비구이나 닭구이에는 필수예
요. 파프리카파우더는 파프리카를 건조시켜 만든 분말양
념으로 단맛과 향이 좋고 붉은색이 식욕을 돋우어 비프스
튜, 케이준 요리에 자주 사용해요.

252kcal

닭살고추장볶음

부드러운 닭가슴살에 갖가지 채소를 넣고 매콤하게 볶은 반찬.
향신채소가 닭고기의 잡냄새를 잡아준다.

재료 | 4인분

40분

닭가슴살 200g
청경채 3~4포기
풋고추·붉은고추 1개씩
굵은 파 1대
청주 1큰술
소금·후춧가루·통깨 조금씩
식용유 적당량

볶음양념장

고추장 2큰술
간장·다진 마늘 1큰술씩
고춧가루·설탕 1작은술씩
청주·참기름 1작은술씩
다진 생강 조금

큼직하게 썰거나
쭉쭉 찢어요.

1 닭가슴살 손질하기

2 채소 준비하기

3 볶음양념장 만들기

1 **닭가슴살 손질하기** 닭가슴살은 얇은 피막을 벗겨내고
씻은 후 끓는 물에 청주를 넣고 삶는다. 삶은 닭가슴살이
식으면 도톰하게 찢는다.

2 **채소 준비하기** 청경채는 한 잎씩 떼어서 씻은 후
이등분한다. 고추는 어슷 썰어 씨를 털어내고, 굵은 파는
가늘게 채 썬다.

3 **볶음양념장 만들기** 준비한 양념을 분량대로 고루 섞는다.

4 **닭가슴살 볶기** 달군 팬에 기름을 두르고 고추를 볶다가
매운 향이 나면 삶은 닭가슴살을 넣고 볶는다.

5 **볶음양념장 넣어 간하기** 닭가슴살이 잘 볶아지면 청경채,
파채를 넣고 볶음양념장으로 버무려 볶는다. 마지막에
소금, 후춧가루, 통깨를 뿌려 고루 섞는다.

Q 궁금해요! - - - - - - - - - - - - - - - -

닭고기의 누린내를 없애려면?

A 닭 특유의 누린내를 없애려면 닭고기 요리를 하기 전
에 미리 한번 익히세요. 끓는 물에 청주를 넣고 닭고기를
삶으면 잡냄새가 말끔히 제거돼요. 이때 레몬을 같이 넣으
면 은은한 향이 돌아 고급스러운 맛이 나요.

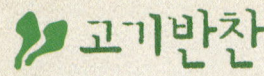
고기반찬

485 kcal

돼지갈비찜

금요일쯤 넉넉히 만들어두면 토·일 반찬 걱정이 사라진다.
감자, 당근, 양파 등을 넣고 찜을 하면 온가족이 푸짐하게 먹을 수 있다.

재료 | 2인분

50분

돼지갈비 600g
감자 1개
당근 1/3개
양파 1/2개
밤 6개
대추 8개
은행 1큰술
커피가루 1/2작은술
생강 1톨
굵은 파 1뿌리
마늘 3쪽
소금·식용유 조금씩
물 적당량

찜양념장
간장 4큰술
설탕 2큰술
다진 파 1큰술
다진 마늘 1/2큰술
깨소금·참기름 1/2큰술씩
다진 생강 1작은술

> 파, 마늘, 생강을
> 넣어 누린내를 없애요.

2 돼지갈비 데치기

5 찜양념해 끓이기

Q 궁금해요!

채소가 물러지지 않게 찌려면?

A 찜에는 당근, 감자처럼 단단한 채소가 부재료로 좋아요. 채소를 손질할 때 모서리를 둥글게 다듬어 서로 닿아서 부딪치는 부분을 줄여주고, 갈비를 먼저 푹 익힌 후 조림국물이 반 정도 줄면 채소를 넣어 익혀요.

1 **돼지갈비 핏물 빼기** 돼지갈비는 5cm 크기로 잘라 살집이 많은 쪽에 칼집을 넣고 찬물에 담가 핏물을 뺀다.

2 **돼지갈비 데치기** 돼지갈비에 핏물이 빠지면 끓는 물에 커피가루, 파, 마늘, 생강을 큼직하게 썰어 넣고 삶는다.

3 **감자·당근·양파 썰기** 감자와 당근은 껍질을 벗겨 3cm 크기로 썰고 양파도 같은 크기로 썬다.

4 **밤·대추·은행 준비하기** 밤은 속껍질까지 벗기고 대추는 씨를 발라 작게 자른다. 은행은 팬에 볶아 껍질을 벗긴다.

5 **찜양념해 끓이기** 찜양념장을 만들어 데친 돼지갈비에 반만 넣고 버무린 후 물 1컵 반을 부어 끓인다.

6 **채소 넣고 뜸들이기** 조림국물이 반 정도 줄면 감자, 당근, 양파, 밤, 대추, 은행을 넣고 남은 찜양념장을 끼얹어 조린 후 뜸을 들인다.

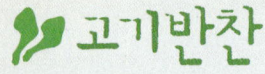

354kcal

돼지고기채소볶음

돼지고기를 미리 양념에 잰 후 볶아야 맛있다.
갖가지 채소를 곁들여 맛은 물론 영양도 두 배.

재료 | 2인분

40분

돼지고기(목살) 300g
양배추 3장
당근 1/3개
양파 1개
단호박 조금
굵은 파 1대
식용유 조금

볶음양념장

고추장 3큰술
설탕·다진 파 1큰술씩
청주·다진 마늘 2큰술씩
다진 생강 1작은술
깨소금·참기름·후춧가루 조금씩

볶음양념장에
조물조물 무쳐 재세요.

3 볶음양념장 만들기　　　4 볶음양념장에 재기

1 **돼지고기 준비하기** 돼지고기는 목살로 준비해 얇게 한입
크기로 썬다.

2 **채소 썰기** 양배추와 당근, 양파는 기본손질 후 돼지고기와
같은 크기로 썰고 단호박은 껍질을 벗겨 얇게 저며 썬다.
굵은 파는 3cm 길이로 썰어 반을 가른다.

3 **볶음양념장 만들기** 고추장, 설탕, 청주 등 양념을
분량대로 고루 섞는다.

4 **볶음양념장에 재기** 한입 크기로 썬 돼지고기에
볶음양념장을 넣고 조물조물 무쳐 잰다.

5 **돼지고기·채소 볶기** 달군 팬에 기름을 두르고 양념한
돼지고기를 볶다가 거의 익으면 썰어 놓은 채소를 함께
넣고 볶는다.

 **궁금해요!**

고기 볶을 때 불 조절 요령

A 처음에는 센 불에서 볶다가 돼지고기 겉면이 익으면
불을 줄여 속까지 충분히 익도록 볶아요. 양파, 파, 고추,
마늘, 생강과 같은 향신채소로 누린내를 잡아주는 것도 잊
지 말고요. 돼지고기 목살은 기름기가 적고 부드러워 양념
하여 볶거나 굽는 요리에 적당해요.

244kcal

목살굴소스구이

돼지고기에 소스를 발라 구우면 깊고 풍부한 맛이 일품.
채소볶음을 곁들이면 유명 레스토랑 요리 못지 않다.

재료 | 2인분

35분

돼지고기(목살) 300g
청경채 2포기
양파 1/2개
빨강·초록 피망 1/2개씩
양송이버섯 4개
소금·후춧가루 조금씩
식용유 조금

구이소스

굴소스 3큰술
다진 양파 1/4컵
다진 마늘·청주 1큰술씩
통후추·설탕 1/2큰술씩
소금·후춧가루 조금씩
육수 1/4컵

구이소스를 고루 바르세요!

3 목살 양념하기

4 채소·버섯 준비하기

5 채소·버섯 볶기

6 목살 굽기

1 **목살 준비하기** 돼지고기는 목살로 준비해 1.5cm 두께로 도톰하게 썬 후 군데군데 칼집을 넣는다.

2 **구이소스 만들기** 분량의 양념을 섞어서 끓인다.

3 **목살 양념하기** 칼집을 넣은 목살에 구이소스를 고루 발라둔다.

4 **채소·버섯 준비하기** 청경채는 가닥가닥 잎을 떼고 큰 것은 반으로 자른다. 양파와 피망은 네모지게 썰고, 양송이버섯은 모양을 살려 도톰하게 썬다.

5 **채소·버섯 볶기** 달군 팬에 기름을 두르고 청경채, 양파, 피망, 버섯을 가볍게 볶다가 소금, 후춧가루로 간한다.

6 **목살 굽기** 구이소스에 잰 목살을 충분히 구워 볶은 채소를 곁들여 담는다.

Q 궁금해요!

맛있는 구이소스 만들기

A 굴소스 3큰술에 다진 양파·마늘, 청주, 통후추, 설탕을 분량대로 섞고 육수를 부어 끓이면서 소금, 후춧가루로 간을 하세요. 소스가 끓으면 불을 끄고 식히세요.

283kcal

불고기샐러드

불고기를 차게 식혀 채소를 곁들인 건강 메뉴. 짭짤하게 간을 하면
반찬으로, 심심하게 간을 하면 샐러드로 먹을 수 있다.

재료 | 2인분

30분

쇠고기(등심) 150g
노랑·빨강 피망 1/3개씩
양상추·오이 1/3개씩
부추 반 움큼
식용유·얼음 적당량

불고기양념
간장 1과1/2큰술
배즙 4큰술
다진 파·청주 1큰술씩
설탕·다진 마늘 1/2큰술씩
깨소금·참기름 1/2큰술씩
후춧가루 조금

프렌치드레싱
올리브오일·와인식초 3큰술씩
다진 파슬리 1/2큰술
소금·후춧가루 조금씩

얼음물에 담가두면 싱싱해져요.

1 쇠고기 양념하기

3 채소 얼음물에 담그기

5 프렌치드레싱 만들기

먹기 직전에 드레싱을 끼얹었어요.

6 불고기·채소 담기

1 **쇠고기 양념하기** 쇠고기는 등심으로 준비해 먹기 좋은
　크기로 썬 후 불고기양념에 조물조물 무쳐 잰다.
2 **채소 썰기** 양상추는 한입 크기로 뜯어 놓고, 피망은 링
　모양으로 얇게 썬다. 오이는 둥글게 저며 썰고 부추는
　4cm 길이로 썬다.
3 **채소 얼음물에 담그기** 썰어 놓은 채소를 얼음물에
　담갔다가 싱싱해지면 체에 밭쳐 물기를 뺀다.
4 **쇠고기 볶아 식히기** 달군 팬에 기름을 두르고 양념한
　쇠고기를 볶아서 차게 식힌다.
5 **프렌치드레싱 만들기** 올리브오일, 와인식초, 다진 파슬리
　등을 고루 섞어 냉장고에 차게 보관한다.
6 **불고기·채소 담기** 차게 식힌 불고기와 채소를 접시에
　보기 좋게 담아 프렌치드레싱을 곁들인다.

 **Q** *궁금해요!*

불고기를 물기 없이 볶으려면?

A 쇠고기에 핏물이 많으면 양념장에 잴 때 핏물이 나
와 국물이 많이 생겨요. 양념 전에 키친타월로 핏물을 눌
러주고, 팬을 뜨겁게 달군 후 센 불에 볶으세요. 약한 불
에서 볶으면 국물이 생겨요.

고기반찬

306kcal

삼겹살된장찜

특별한 반찬을 상에 올리고 싶을 때 딱 좋은 메뉴.
된장소스를 넣어 누린내가 없고 채소를 곁들여 건강에 좋다.

재료 | 2인분

40분

돼지고기(삼겹살) 300g
굵은 파 1뿌리
마늘 3쪽
생강 1톨
통후추 5알
청주 1큰술
소금 조금

된장소스
굵은 파 1/2대
마늘 3쪽
붉은고추 2개
미소된장·청주 1큰술씩
설탕·깨소금 1작은술씩
육수 1/3컵
참기름 2작은술

> 소스의 고추와 파도 고루 올려요.

3 된장소스 만들기

4 된장소스 발라 찌기

1 **삼겹살 삶기** 냄비에 물을 넉넉히 붓고 끓으면 삼겹살, 마늘, 생강, 굵은 파, 청주, 통후추를 넣고 푹 끓인다.

2 **삼겹살 썰기** 삼겹살이 완전히 익으면 고기만 건져 도톰하게 썬다.

3 **된장소스 만들기** 굵은 파는 어슷 썰고 마늘은 저며 썬다. 붉은고추는 어슷 썰어 씨를 털고 준비한 양념들과 분량대로 고루 섞는다.

4 **된장소스 발라 찌기** 썰어 놓은 삼겹살에 준비한 된장소스를 골고루 발라 찜통에 넣고 찐다.

5 **채소 곁들여 담기** 삼겹살이 다 쪄지면 상추나 부추, 깻잎, 버섯 등을 곁들여 담는다.

 **궁금해요!**

삼겹살을 찔 때
된장 맛을 더 진하게 내려면?

A 미리 익힌 삼겹살에 된장소스를 발라 찜통에 찔 때 중간에 한 번 더 소스를 발라 쪄보세요. 된장 맛이 한결 진해지고 삼겹살 특유의 냄새도 사라져요.

244kcal

쇠고기가지볶음

가지를 살짝 절여서 고기와 볶아보자.
아작아작 씹는 맛이 좋고, 고기 맛도 한층 더한다.

재료 | 2인분

35분

쇠고기(불고기감) 300g
가지 2개
소금·식용유 조금씩

양념장
간장 3큰술
설탕 1과1/2큰술
다진 파·참기름 1큰술씩
깨소금·다진 마늘 1작은술씩
청주 1작은술
후춧가루 조금

1 **쇠고기 준비하기** 쇠고기는 불고기감으로 준비해 키친타월로 핏물을 닦고 먹기 좋은 크기로 썬다.

2 **가지 썰기** 가지는 동그랗게 0.5cm 두께로 썰어서 소금물에 살짝 절인 후 헹구어 물기를 꼭 짠다.

3 **양념장 만들기** 준비한 양념을 분량대로 고루 섞는다.

4 **쇠고기 양념하기** 썰어 둔 쇠고기에 양념장을 넣고 잘 버무려 잠시 잰다.

5 **가지·쇠고기 볶기** 달군 팬에 기름을 두르고 절인 가지를 앞뒤로 굽다가 양념한 쇠고기를 넣고 고루 볶는다.

가지를 잘라 소금물에 살짝 절여요.

2 가지 썰기

3 양념장 만들기

 궁금해요!

가지를 맛있게 볶으려면?

A 손질한 가지를 소금물에 살짝 절여주세요. 절인 가지는 물기를 꼭 짜고 기름 두른 팬에 굽다가 고기를 넣고 볶으면 한결 부드럽고 쫄깃해서 씹는 맛이 좋아요.

elsa petersen-schepelern

444kcal

쇠고기밤채말이

구운 쇠고기에 채 썬 밤과 채소를 한입 크기로 말아 완성한 일품 반찬.
냉장고에 남은 채소들을 곱게 채 썰어 넣어도 좋다.

재료 | 2~3인분

30분

쇠고기(안심이나 채끝살) 400g
밤 15개
노랑·빨강 파프리카 1/3개씩
양상추 10장
칠리소스 3큰술
식용유 적당량

고기양념
양파즙 2큰술
참기름 1큰술
소금·후춧가루 조금씩

1 고기 손질하기

3 밤 준비하기

고기가 얇아야
재료 말기가
좋아요.

5 밑간한 고기 굽기

6 재료 넣어 말기

1 **고기 손질하기** 쇠고기는 안심이나 채끝살로 준비해 얇게
손바닥만하게 썰어 자근자근 두들겨 납작하게 편다.

2 **고기 밑간하기** 납작하게 편 쇠고기에 분량의 양파즙,
참기름, 소금과 후춧가루를 뿌려 잰다.

3 **밤 준비하기** 밤은 껍질을 벗기고 곱게 채 썰어 물에 잠시
담갔다가 건진다.

4 **파프리카·양상추 준비하기** 파프리카는 반 갈라 씨를
털어내고 고기 길이에 맞게 채 썬다. 양상추는 씻어서
물기를 털고 적당한 크기로 찢어둔다.

5 **밑간한 고기 굽기** 달군 팬에 기름을 두르고 밑간한
쇠고기를 굽는다.

6 **재료 넣어 말기** 구운 쇠고기에 채 썬 밤과 파프리카,
양상추를 넣고 말아 칠리소스를 듬뿍 끼얹거나 곁들인다.

 **Q** 궁금해요!

말이를 쉽고 예쁘게 하려면?

A 고기를 밑간해 구운 후 편평하게 펴서 무거운 것으로
눌러 냉장고에 보관해 두세요. 말이할 재료 준비가 다 되
면 고기를 꺼내어 말아보세요. 고기가 얇고 편평해져서 재
료를 말기가 한결 쉽고 모양도 가지런해서 보기 좋아요.

고기반찬

680kcal

안동찜닭

닭고기에 당면을 넣어 단 맛나게 찐 요리.
갖가지 채소를 넣고 국물이 거의 남아있지 않도록 조리듯 찐다.

재료 | 4인분

50분

닭(큰 것) 1마리
불린 당면 300g
감자 2개
당근·오이 1/2개씩
굵은 파 1/2대
마른 붉은고추 1개
다시마물 2와1/2컵
소금·후춧가루·참기름 조금씩

찜양념장
설탕·물 1/2컵씩
고운고춧가루·생강즙 1큰술씩
물엿·설탕·청주 1큰술씩
간장·다진 양파 3큰술씩
후춧가루·참기름 조금씩

1 닭고기 데치기

5 찜양념장 넣어 볶기

6 다시마물 부어 끓이기

7 오이·당면 넣어 볶기

Q 궁금해요!

닭고기의 기름기를 빼려면?

A 닭을 손질할 때 우선 눈에 보이는 누런 지방층을 떼어
내고 닭 껍질 쪽에 칼집을 내주세요. 그리고 끓는 물에 데
치거나 팬에 기름을 살짝 둘러 앞뒤로 노릇노릇하게 구우
면 기름이 빠져나와 기름이 덜 생겨요. 끓는 물에 데치는
방법 보다 굽는 게 기름기 제거에 더 효과적이에요.

1 **닭고기 데치기** 닭은 기름기를 제거하고 먹기 좋게 토막을
낸 후 끓는 물에 살짝 데쳐 건진다.

2 **감자·당근·오이 썰기** 감자와 당근은 껍질을 벗겨 씻은
후 먹기 좋게 썬다. 오이는 소금에 문질러 씻은 후 썬다.

3 **파·고추 썰기** 굵은 파는 길게 썰고 마른 고추는 가위로
잘라 씨를 털어낸다.

4 **찜양념장 만들기** 물과 설탕을 젓지 않은 상태로 약한
불에서 서서히 끓여 연한 갈색이 나면 불을 끈다. 시럽이
뜨거울 때 나머지 양념을 분량대로 넣고 고루 섞는다.

5 **찜양념장 넣어 볶기** 달군 팬에 참기름을 두르고 마른
고추와 데친 닭고기를 볶다가 찜양념장을 넣고 고루
뒤적인다.

6 **다시마물 부어 끓이기** 찜양념장이 잘 섞이면 다시마물을
잘박하게 붓고 뚜껑을 덮어 끓이다가 감자, 당근, 굵은
파를 넣고 끓인다.

7 **오이·당면 넣어 볶기** 닭과 채소가 익으면 오이와 불린
당면을 넣고 간이 배도록 뒤적인다.

546 kcal

오삼불고기

오징어 한 마리, 삼겹살 한 주먹… 각각 요리 하기에 양이 부족하다 싶으면 함께 불고기를 만들어보자. 각각의 씹는 맛과 매콤한 맛이 좋다.

재료 | 4인분

35분

오징어 1마리
삼겹살 400g
양파 1개
당근 1/3개
풋고추·붉은고추 1개씩
굵은 파 1/2대
굵은 소금 적당량
식용유 적당량

불고기양념
고춧가루 2큰술
다진 마늘 1/2큰술
참기름 1큰술
청주·설탕 2작은술씩
소금·후춧가루 조금씩

1 오징어 손질하기

삼겹살 썰기

3 불고기양념에 재기

6 볶기

> 센 불에서 볶다가 고기 겉이 익으면 불을 줄여 속까지 익혀요.

1 **오징어 손질하기** 오징어는 굵은 소금으로 문질러 껍질을 벗겨 씻은 후 몸통 안쪽에 칼집을 넣어 한입 크기로 썬다.

2 **삼겹살 썰기** 삼겹살도 오징어 크기로 썬다.

3 **불고기양념에 재기** 손질한 오징어와 삼겹살에 분량의 불고기양념을 넣어 고루 버무려 잰다.

4 **채소 준비하기** 양파는 손질해 굵게 채 썰고 당근은 먹기 좋은 크기로 얇게 썬다. 고추와 굵은 파는 어슷 썬다.

5 **채소 넣어 버무리기** 양념에 잰 오징어와 삼겹살에 준비한 양파, 당근, 고추, 파를 넣고 버무린다.

6 **볶기** 달군 팬에 기름을 두르고 양념한 오징어와 삼겹살, 채소를 넣어 타지 않게 볶는다.

Q 궁금해요!

오삼불고기 더 맛내기

A 돼지고기는 쇠고기에 비해 누린내가 많이 나므로 먼저 청주, 파, 마늘 등을 넣어 냄새를 잡아야 해요. 청주는 고기를 부드럽고 윤기 나게 하는 효과도 있어요. 고기는 약간 큼직하고 도톰하게 저며 썰어 앞뒷면에 잔칼집을 넣어 주면 양념이 고루 배고 볶을 때 오그라들지 않아요.

197 kcal

달걀버섯팬구이

냉장고에 달걀과 버섯이 있다면 함께 반죽을 해서 구워보자.
반찬 없을 때, 한 끼 식사로도 대신할 수 있다.

재료 | 4인분

20분

달걀 6개
표고버섯 2장
새송이버섯 1개
양송이버섯 3개
양파 1/2개
실파 1뿌리
우유 6큰술
소금 2작은술
후춧가루 조금
식용유 적당량

3 달걀 반죽 만들기

달걀 반죽을 넉넉히 붓고 익혀요.

5 호일 덮고 익히기

1 **달걀물 간하기** 달걀은 소금과 후춧가루, 우유를 넣고 고루 푼 뒤 체에 내려 알끈을 제거한다.

2 **버섯 준비하기** 표고버섯은 기둥을 뗀 후 채 썰고, 새송이버섯은 세로로 반을 갈라 저며 썬다. 양송이버섯은 반 갈라 얇게 썬다.

3 **달걀 반죽 만들기** 양파는 굵게 다지고 실파는 짧게 잘라 달걀물에 버섯과 함께 잘 섞는다.

4 **달걀 반죽 익히기** 달군 팬에 기름을 두르고 버섯과 양파, 실파를 섞은 달걀물을 부어 익힌다.

5 **호일 덮고 익히기** 반죽이 반 정도 익으면 쿠킹호일로 뚜껑을 만들어 팬을 덮고 한쪽 면이 익으면 반죽을 뒤집어 반대쪽도 노릇하게 익혀 먹기 좋게 썬다.

Q *궁금해요!*

달걀 맛을 살리는 방법은?

A 달걀을 풀 때 달걀 1개에 우유 1큰술을 섞으면 한결 부드럽고 맛도 더 고소해요. 달걀물을 소금, 후춧가루로 간을 한 후 체에 내려서 알끈을 제거해주면 더욱 부드러워요.

달걀·두부반찬

353kcal

달걀베이컨말이

달걀말이에 밥을 넣어 가벼운 한 끼도 가능하다.
남은 찬밥을 해결하기에 좋다.

재료 | 4인분

25분

달걀 3개
밥 1과1/2공기
베이컨 2장
애호박 1/3개
청주 2작은술
참기름 1작은술
소금 · 간장 조금씩
식용유 적당량
케첩 · 머스터드소스 적당량

1 **달걀물 · 베이컨 섞기** 달걀을 풀어 소금, 청주로 간하고 베이컨을 굵게 다져서 고루 섞는다.
2 **애호박 썰어 볶기** 애호박은 반달 모양으로 도톰하게 썬 후 소금, 간장, 참기름으로 간하여 볶는다.
3 **밥 넣어 말기** 달군 팬에 기름을 두르고 달걀물을 부어 반 정도 익기 시작하면 밥을 넣어 만다.
4 **달걀말이 식혀서 썰기** 달걀베이컨말이가 익으면 불에서 내려 잠시 식혀두었다가 도톰하게 썬다.
5 **케첩과 머스터드소스 뿌리기** 넓은 접시에 볶은 호박을 담고 달걀베이컨말이를 올린 후 토마토케첩과 머스터드소스를 뿌린다.

1 달걀물 · 베이컨 섞기

2 애호박 썰어 볶기

Q 궁금해요!

달걀물에 밥을 말 때 주의할 점은?

A 달걀물이 너무 익었을 때 밥을 말면 밥알이 흩어지므로 반쯤 익기 시작하면 밥을 넣어 말아줍니다. 한편 달걀물이 너무 안 익었을 때 밥을 넣으면 달걀물이 엉겨서 말이가 터지거나 찢어지므로 주의해야 해요.

달걀·두부반찬

185 kcal

달걀삼색말이

달걀말이에 시금치, 우엉, 당근을 넣은 영양 반찬.
아이들이 잘 먹지 않는 채소를 다져 넣어도 좋다.

재료 | 4인분

30분

달걀 6개
시금치·당근 60g씩
우엉 80g
식초 1/2큰술
간장·청주 1/2작은술씩
설탕 1작은술
소금·식용유 조금씩
다시마물 1/2컵

당근조림양념
다시마물 1/3컵
간장 1작은술
설탕 1/2작은술

우엉조림양념
다시마물 1/3컵
간장 1/2큰술
설탕 1작은술

1 달걀 풀어 간하기

3 당근·우엉 조리기

5 시금치 얹기

7 달걀말이 썰기

뜨거울 때 김발에
말아놓았다가
썰어요.

1 **달걀 풀어 간하기** 달걀을 풀어서 다시마물과 섞은 후
   간장, 청주, 설탕, 소금으로 간해 체에 내린다.
2 **시금치 무치기** 시금치는 끓는 물에 소금을 넣고 데친 후
   찬물에 헹구어 물기를 꼭 짜고 소금으로 간해 무친다.
3 **당근·우엉 조리기** 당근과 우엉은 채 썰어 각각 끓는 물에
   식초를 넣고 살짝 데친 후 조림양념에 바짝 조린다.
4 **달걀물 익히기** 달군 팬에 기름을 조금 두른 후 양념한
   달걀물을 적당히 붓고 불을 줄인다.
5 **시금치 얹기** 달걀물이 반 정도 익으면 양념한 시금치를
   가지런히 놓고 말아서 한쪽으로 밀고, 남은 달걀물을
   두세 번 나누어 부으면서 이어 만다.
6 **우엉·당근 얹기** 남은 달걀물을 반으로 나누어 익히다가
   당근 조린 것, 우엉 조린 것을 각각 얹어 시금치와 같은
   방법으로 달걀말이를 한다.
7 **달걀말이 썰기** 세 가지 달걀말이가 뜨거울 때 김발에 놓고
   돌돌 말아 식힌 후 먹기 좋게 썬다.

Q 궁금해요!

달걀말이를 잘 하려면?

A 달걀을 깨뜨려 알끈을 없애주어야 해요. 알끈은 나무
젓가락으로 빼주거나 체에 밭쳐서 내리면 체에 알끈만 남
게 됩니다. 팬에 두르는 기름의 양도 중요한데 기름을 두
르고 키친타월로 살짝 여분의 기름을 걷어내고 달걀물은
두세 번 나눠서 말아가며 부어야 단단하고 도톰해요.

164 kcal

두부멸치조림

잔멸치 넣은 조림장으로 짭짤하게 조린 두부 반찬.
단백질과 칼슘이 풍부해 아이들 영양 반찬으로 최고다.

재료 | 4인분

30분

두부 1모
잔멸치 50g
소금 조금
물 5큰술
조림장
간장 2큰술
고춧가루 · 청주 1작은술씩
설탕 · 참기름 · 다진 파 1작은술씩
다진 마늘 · 양파 1큰술씩
다진 붉은고추 2큰술
소금 · 후춧가루 · 통깨 조금씩

1 두부 밑간하기

잔멸치는 미리
기름 없이 볶으세요.

3 조림장 · 잔멸치 섞기

1 **두부 밑간하기** 두부는 도톰하게 썰어 소금을 뿌려 밑간한다.

2 **잔멸치 볶기** 잔멸치는 달군 팬에 살짝 볶아 비린내를 날린 후 접시에 덜어 놓는다.

3 **조림장 · 잔멸치 섞기** 준비한 양념을 분량대로 섞어 조림장을 만든 후 잔멸치를 넣고 잘 섞는다.

4 **두부 · 잔멸치조림장 조리기** 냄비에 두부와 잔멸치 넣은 조림장을 켜켜로 담고 물을 넣어 약한 불에서 서서히 조린다.

5 **조림국물 끼얹기** 조리는 중간에 조림국물을 끼얹어 두부에 간이 잘 배게 한다.

궁금해요!

두부가 부서지지 않게 조리려면?

A 두부에 소금을 뿌려 밑간을 하고 키친타월로 수분을 거둬주세요. 조렸을 때 물이 덜 생기고 두부도 단단해져서 잘 부서지지 않아요. 멸치를 조림장에 섞어 두부에 켜켜이 올려 조리면 맛도 모양도 살아요.

241kcal

스크램블양파샐러드

아침식사로도 가볍게 먹을 수 있는 달걀요리.
새콤달콤한 드레싱이 맛을 더한다.

재료 | 3인분

10분

달걀 3개
양파 1개
붉은 양파 1/2개
깻잎 2장
소금 1작은술
우유 3큰술
버터 1/2큰술
식용유 1큰술

드레싱
식용유 3큰술
식초 2큰술
설탕 1작은술
소금 2작은술
후춧가루 조금

1 달걀물에 간하기

2 양파·깻잎 썰기

3 스크램블 만들기

5 채소·스크램블 담기

1 **달걀물에 간하기** 달걀을 고루 풀어 소금, 우유를 넣고 잘
  섞는다.
2 **양파·깻잎 썰기** 양파는 링으로 얇게 채 썰어 물에 담갔다
  건져두고 깻잎은 잘게 썬다.
3 **스크램블 만들기** 달군 팬에 버터와 식용유를 두르고
  달걀물을 부어 젓가락으로 휘저어가며 익힌다.
4 **드레싱 만들기** 분량의 양념을 섞어 드레싱을 만든다.
5 **채소·스크램블 담기** 채 썬 양파와 깻잎을 섞어서 접시에
  담고 스크램블을 올린 후 드레싱을 끼얹는다.

 궁금해요!

스크램블 더 부드럽게 만들기

A 달걀을 풀어 체에 내린 후 우유를 넣으면 한결 촉촉하
고 부드러워져요. 달걀물에 청주를 섞으면 식어도 뻣뻣하
지 않고요. 달걀물이 익기 시작하면 반숙 상태의 덩어리가
생기도록 나무젓가락으로 휘휘 저어주세요. 이때 나무젓
가락을 여러 개 쥐고 휘저으면 좋아요.

132kcal

연두부버섯볶음

연두부에 버섯볶음을 곁들인 영양만점 저칼로리 건강 반찬.
부드러운 연두부와 갖가지 버섯의 맛과 향이 입맛을 돋운다.

재료 | 4인분

15분

연두부 2모
표고버섯 6장
느타리버섯 100g
팽이버섯 1봉지
당근 1/6개
쪽파 4뿌리
다진 마늘 1작은술
간장·물녹말 1큰술씩
참기름 1/2작은술
소금·후춧가루 조금씩
물 1/2컵

기름 대신
물을 두르고 볶아요.

연두부는 끓는 물에
따뜻하게 데우세요.

3 당근·버섯 볶기

6 버섯볶음 올리기

1 **버섯 손질하기** 표고버섯은 기둥을 떼어낸 후 채 썰고,
   느타리버섯은 먹기 좋게 찢는다. 팽이버섯은 밑동을 잘라
   가닥가닥 떼어둔다.

2 **당근·쪽파 썰기** 당근은 표고버섯과 비슷한 크기로 채
   썰고, 쪽파는 3~4cm 길이로 썰거나 작게 송송 썬다.

3 **당근·버섯 볶기** 달군 팬에 기름 대신 물을 조금 두르고
   당근을 먼저 볶다가 어느 정도 익으면 손질해 둔 버섯을
   모두 넣어 볶는다.

4 **간 맞추기** 팬에 남은 물을 붓고 다진 마늘과 쪽파를 넣어
   볶다가 간장, 소금, 후춧가루로 간을 맞춘다.

5 **물녹말 넣기** 간이 맞으면 물녹말을 넣어 소스를 걸쭉하게
   만들고 참기름을 넣어서 버섯볶음을 완성한다.

6 **버섯볶음 올리기** 연두부를 포장 상태 그대로 끓는 물에
   따뜻하게 데운 후 접시에 담고 버섯볶음을 올린다.

 궁금해요!

요리하고 남은 두부 보관법

A 남은 두부는 밀폐용기에 담아 푹 잠기도록 물을 붓고
냉장고에 보관하세요. 1~2일 이내에 사용하는 것이 좋지
만 용기 속의 물을 매일 한 번씩 갈아주면 일주일 정도 상
하지 않게 보관할 수 있어요.

part 2

냉장고 속
남은 재료를 이용한 반찬

p108 김치고기찜

p112 냉동만두샐러드

p116 모둠채소춘권

주말이면 냉장고에 남은 반찬거리들이
눈에 띈다. 감자 한두 개,
양파 두세 개, 고기 한 덩어리 등
한 접시를 만들기에는 어중간한
재료들을 모아 푸짐하게 만들어보자.
이참에 냉장고도 정리하고,
식비도 절약하고,
평일에 먹을 수 있는 반찬도 만들 수
있어 요리하는 내내 즐겁다.

p118 북어포실파무침

p120 뿌리채소조림

p126 피망소스라면볶음

112kcal

감자양파조림

감자와 양파는 단골 반찬거리. 요리하고 남은 감자와 양파가 있다면
두반장으로 양념해 감칠맛 나게 조리자.

재료 | 4인분

20분

감자 4개
양파 1/2개
굵은 파·붉은고추 조금씩
다진 마늘·두반장 1큰술씩
설탕 1/2큰술
참기름·식용유 조금씩
육수 1/2컵

1 **감자 손질하기** 감자는 껍질을 벗기고 큼직하게 썰어 물에
   담가 녹말기를 뺀다.
2 **양파·파·고추 썰기** 양파는 감자 크기로 썰고, 굵은 파는
   송송 썬다. 붉은고추는 반 갈라 씨를 턴 후 잘게 썬다.
3 **감자·양파 볶기** 달군 팬에 기름을 두르고 감자를
   노릇하게 볶다가 양파를 넣어 볶는다.
4 **두반장 넣고 조리기** 감자가 어느 정도 익으면 다진 마늘,
   잘게 썬 고추, 설탕, 두반장을 넣고 육수를 부은 후
   뚜껑을 덮고 조린다.
5 **참기름·파 넣기** 감자에 간이 배면 참기름을 두르고 송송
   썬 파를 넣어 고루 뒤적인다.

모서리를 둥글게
다듬어요.

1 감자 손질하기   4 두반장 넣고 조리기

Q 궁금해요!

감자의 껍질을 쉽게 벗기려면?

A 햇감자는 수저나 수세미 등으로 긁기만 해도 껍질이
잘 벗겨지지만 껍질을 얇게 벗기면 아린맛이 강할 수 있
어요. 필러로 벗기거나 적당히 자른 후 껍질을 벗기면 한
결 편해요.

112 kcal

김치고기찜

신김치가 남아서 골치라면 고기, 부추 등과 요리해보자.
젓가락이 자꾸 가는 별미반찬이다.

재료 | 4인분

30분

배추김치 1/2포기(250g)
다진 쇠고기 100g
부추 한 움큼
두부 1/4모
다진 마늘 1큰술
소금·후춧가루·녹말가루 조금씩
깨소금·참기름 조금씩

1 **김치 준비하기** 김치는 잎 부분만 크게 잘라두고 줄기는
　 잘게 썬다.
2 **부추·두부 준비하기** 부추는 뿌리를 다듬어 송송 썰고
　 두부는 곱게 으깬 후 면보에 싸서 물기를 짠다.
3 **속 재료 만들기** 다진 쇠고기에 으깬 두부와 다진 마늘,
　 소금, 후춧가루, 깨소금, 참기름을 넣고 여러 번 치대다가
　 잘게 썬 김치줄기, 송송 썬 부추를 넣고 잘 섞는다.
4 **김치쌈 만들기** 김치 잎 부분에 속 재료를 한 숟가락씩
　 넣고 동그랗게 싸거나 김밥처럼 만다.
5 **찌기** 김치쌈에 녹말가루를 살짝 뿌려 김이 오른 찜통에
　 넣어 찐다.

김밥처럼
말아도 좋아요.

찜통에 면보를
깔고 쪄요.

4 김치쌈 만들기　　　　5 찌기

Q 궁금해요! - - - - - - - - - - - - - -

김치줄기는 어떻게 할까?

A 김치의 잎 부분은 쌈을 하고, 남은 줄기는 잘게 다져
속 재료와 섞어요. 그러면 다진 고기와 두부, 부추와 어우
러져 아삭아삭 씹는 질감이 좋아요.

269kcal

김치오징어지짐

김치와 오징어를 잘게 다져 넣고 반죽하여 지지면
단숨에 명품반찬이 된다. 입이 심심할 때 간식처럼 먹어도 좋다.

재료 | 4인분

20분

배추김치 300g
오징어 1마리
풋고추·붉은고추 1개씩
다진 양파 4큰술
부침가루 1컵
달걀물 1개 분량
소금 조금
다시마물 적당량
식용유 적당량

반죽하기 좋게
잘게 썰어요.

너무 되직하면
다시마물을 넣어요.

2 오징어 손질하기

3 김치 반죽하기

5 오징어·고추 올리기

1 **김치·고추 썰기** 김치는 국물을 짜낸 후 1cm 폭으로 썰고
고추는 반 갈라 씨를 턴 후 송송 썬다.

2 **오징어 손질하기** 오징어는 내장과 먹물을 잘라내고 끓는
물에 소금을 넣어 살짝 데친 후 잘게 썬다.

3 **김치 반죽하기** 썰어 둔 김치에 다진 양파와 부침가루,
달걀물 반을 넣고 가볍게 섞은 후 소금으로 간한다. 너무
되직하면 다시마물을 넣어 반죽한다.

4 **김치 반죽 지지기** 달군 팬에 기름을 두르고 반죽을 한
숟가락씩 지진다.

5 **오징어·고추 올리기** 김치 반죽이 다 익기 전에 잘게 썬
오징어와 고추를 적당히 올리고 달걀물을 조금씩
바르면서 앞뒤로 노릇하게 지진다.

궁금해요!

반죽에 다른 재료를 추가하려면?

A 김치와 어울리는 재료면 무엇이든 가능해요. 해물, 양
파, 당근, 버섯 등 요리하고 조금씩 남은 재료들을 곱게
다져 넣으면 맛도 좋지만 영양도 더 풍부해요.

404kcal

냉동만두샐러드

집집마다 냉동실에 넣어 두고 먹는 단골 재료, 냉동만두.
구운 만두에 갖가지 채소를 곁들여 샐러드처럼 먹으면 색다르다.

재료 | 2인분

🕐 **15분**

냉동만두 10개
양상추 10장
부추 조금
비트 1개
식용유 1/2컵

소스

다진 양파 2큰술
다진 마늘 1/2큰술
간장 3큰술
설탕·식초 2작은술씩
참기름 1큰술
소금 조금
물 4큰술

냉동만두는 실온에서
해동 후 튀기세요.

1 냉동만두 튀기기

3 비트 준비하기

4 소스 만들기

튀긴 만두와
채소를 보기
좋게 담아요.

5 소스 끼얹기

1 **냉동만두 튀기기** 냉동만두를 뜨거운 기름에 바삭하게
   튀겨 기름을 빼고 먹기 좋은 크기로 자른다.

2 **양상추·부추 준비하기** 양상추는 먹기 좋은 크기로 뜯어
   찬물에 담갔다 건지고 부추는 3~4cm 길이로 썬다.

3 **비트 준비하기** 비트는 곱게 채 썰어 물에 담갔다가
   건진다.

4 **소스 만들기** 분량의 양념을 고루 섞어 소스를 만든다.

5 **소스 끼얹기** 튀긴 만두와 준비한 채소를 보기 좋게 담고
   소스를 끼얹는다.

Q 궁금해요!

비트는 어떤 채소일까?

A 비트는 서양채소로 래디시 보다 큰 빨간색의 둥근 무
예요. 강화의 순무처럼 김치를 담가 먹기도 하고 샐러드,
주스에도 사용해요. 단백질과 식이섬유가 풍부해 소화흡
수, 빈혈 예방에 도움이 됩니다.

42kcal

모둠채소간장절임

냉장고에 남은 채소로 만든 알뜰 밑반찬. 채소를 초간장에 아삭하게 절였다가 한 번씩 꺼내 먹으면 밥맛이 절로 난다.

재료 | 4인분

15분

무 1/4토막(100g)
양파 1/2개
오이 1개
풋고추 · 붉은고추 4개씩
마늘 4쪽
생강 1톨
소금 1큰술
설탕 2큰술
굵은 소금 조금
절임간장
간장 1/4컵
설탕 · 식초 3큰술씩

3 채소 절이기

설탕이 녹을 정도로만 살짝 끓여요.

4 절임간장 끓이기

용기는 끓는 물에 소독 후 사용해요.

5 절임간장 붓기

1 **무 · 양파 · 오이 썰기** 무와 양파는 껍질을 벗겨 네모지게 썬다. 오이는 굵은 소금으로 문질러 씻은 후 반으로 갈라 속을 파내고 0.5cm 두께로 잘게 썬다.

2 **고추 · 마늘 · 생강 썰기** 고추는 어슷 썰어 씨를 털어내고 마늘은 얇게 저며 썬다. 생강은 넓적하게 편으로 썬다.

3 **채소 절이기** 썰어 놓은 무, 양파, 오이, 고추, 마늘, 생강에 소금과 설탕을 넣어 살짝 절인다.

4 **절임간장 끓이기** 준비한 양념을 분량대로 섞어 살짝 끓인다.

5 **절임간장 붓기** 설탕과 소금에 절인 채소는 물기를 털어낸 후 병에 담고 한 번 끓인 절임간장을 부은 후 뚜껑을 덮어 보관한다. 상에 낼 때 기호에 따라 잣을 올린다.

Q 궁금해요!

채소에 간이 고루 배게 하려면?

A 채소를 적당한 크기로 썬 후 한데 담아 소금, 설탕에 절여요. 그러면 소금으로 인해 채소의 수분이 빠지면서 설탕의 단맛이 적당히 배게 돼요. 절임간장은 채소가 모두 잠길 정도로 넉넉히 부어야 간이 잘 배요.

395 kcal

모둠채소춘권

자투리 채소들로 만든 한 그릇 별미요리.
냉장고 속 남은 채소와 고기로 만들어보자.

재료 | 3인분

40분

콩나물 1/2봉지
시금치 한 줌
쇠고기 30g
당근 1/3개
양파 1/4개
춘권피 10장
소금·달걀물 조금씩
식용유 적당량

콩나물양념
참기름·깨소금 1/2작은술씩
소금 조금

시금치양념
다진 마늘 1/3작은술
참기름·깨소금 1/2작은술씩
소금 조금

고기양념
간장 1/2큰술
다진 마늘·참기름 1/2작은술씩
설탕 1작은술

물기 없이
바싹 볶으세요.

1 콩나물·시금치 무치기

2 고기 밑간 후 볶기

5 속 넣어 말기

6 튀기기

1 **콩나물·시금치 무치기** 콩나물과 시금치는 각각 데쳐
물기를 꼭 짠 후 분량의 양념으로 무친다.

2 **고기 밑간 후 볶기** 쇠고기는 곱게 채 썰어 분량의 양념에
잰 후 볶는다.

3 **당근·양파 볶기** 당근과 양파는 채 썰어 각각 볶는다.

4 **춘권피 속 만들기** 콩나물무침, 시금치무침, 고기볶음,
볶은 당근과 양파를 한데 담아 소금으로 간하여 섞는다.

5 **속 넣어 말기** 채소와 고기로 만든 속 재료를 춘권피에
말아 감싸고 끝부분은 달걀물로 붙인다.

6 **튀기기** 170℃의 튀김기름에 춘권피 만 것을 넣어
노릇하게 튀긴 후 먹기 좋게 자른다.

Q 궁금해요!

춘권피와 만두피의 차이

A 춘권피는 밀가루와 녹말가루, 달걀 등을 섞어서 만든
것으로 만두피 보다는 조금 크고 튀겨 놓으면 좀 더 바삭
해요. 만약 춘권피가 없다면 만두피를 이용해도 괜찮아요.

220kcal

북어포실파무침

국을 끓이고 남은 북어포, 양념으로 쓰고 남은 실파가 있다면
같이 무쳐보자. 매콤한 양념에 버무려 밑반찬으로 제격이다.

재료 | 4인분

20분

북어포 200g
실파 10뿌리

무침양념장
간장 1과1/2큰술
고춧가루·물엿·식초 1큰술씩
설탕·고추장 1/2큰술씩
깨소금·참기름 1작은술씩
후춧가루 조금

1 **북어포 손질하기** 북어포는 살짝 불린 후 먹기 좋은 크기로
  찢어 물기를 꼭 짠다.
2 **실파 썰기** 실파는 다듬어 씻어 물기를 뺀 후 4cm 길이로
  썬다.
3 **무침양념장 만들기** 준비한 양념을 분량대로 고루 섞는다.
4 **북어포 양념하기** 물기 짠 북어포에 무침양념장을 넣고
  간이 잘 배게 조물조물 무친다.
5 **실파 넣고 무치기** 양념한 북어포에 실파를 넣어 버무린다.

북어포를 먼저
양념장에 버무려
두었다가 실파와
버무려요.

2 실파 썰기

5 실파 넣고 무치기

궁금해요!

통북어와 북어포 불리는 요령

A 통북어는 방망이로 두들겨 물에 6~7시간 정도 불리
면 돼요. 북어포는 너무 오래 불리면 살이 풀어지고 맛도
빠져나가므로 흐르는 물에 씻듯이 적시거나 물에 한번 푹
담갔다가 바로 건져 물기를 꼭 짜서 조리하면 됩니다.

264kcal

뿌리채소조림

남은 연근, 우엉, 당근 등을 조림장에 조린 밑반찬.
주말에 미리 만들어두면 마땅한 반찬이 없을 때 꺼내 먹기 좋다.

재료 | 4인분

20분

당근 2개
연근·우엉 400g씩
식초 3큰술
식용유·통깨 적당량

조림장
멸치국물 1/2컵
간장 2큰술
설탕 1큰술
청주 2작은술
물엿 조금

우엉과 연근은
식촛물에 담가둬요.

1 채소 손질하기

5 볶은 채소 조리기

1 **채소 손질하기** 우엉, 연근은 껍질을 벗겨 식초 탄 물에
담가 두었다가 당근과 함께 한입 크기로 썬다.

2 **채소 데치기** 냄비에 물을 넉넉히 붓고 끓이다가 식초 한두
방울을 넣어 준비한 채소를 살짝 데친다.

3 **데친 채소 볶기** 데친 채소는 물기를 뺀 후 달군 팬에
기름을 둘러 볶는다.

4 **조림장 끓이기** 멸치국물에 준비한 양념을 분량대로 넣고
바글바글 끓인다.

5 **볶은 채소 조리기** 조림장이 끓으면 볶아둔 채소에 붓고
중간 불에서 조린다. 채소에 간이 잘 배면 통깨를 솔솔
뿌린다.

궁금해요! - - - - - - - - - - - - - - -

조림을 할 때 불 조절은?

A 중간 불에서 서서히 조려야 해요. 불을 너무 세게 하
면 간이 겉돌 뿐 아니라 재료들이 오그라들어 딱딱해지고
모양도 이상해져요. 조리기 전에 재료들을 끓는 물에 살짝
데쳐도 좋아요.

72kcal

참치양상추쌈

통조림 참치에 채소를 다져 넣은 쌈 요리. 양상추 대신 삶은 양배추에 싸서 먹어도 맛있다. 저칼로리 다이어트식으로도 제격.

재료 | 4인분

15분

참치통조림 1통
양상추 1/2통
당근 1/3개
양파 1/2개
부추 조금
소금·통깨 조금씩

1 참치 기름 걸러내기

2 양상추 손질하기

4 재료 버무리기

5 양상추에 싸기

1 **참치 기름 걸러내기** 통조림 참치는 체에 밭쳐 기름을 걸러낸다.
2 **양상추 손질하기** 양상추는 한 잎씩 떼어 씻은 후 적당한 크기로 잘라 물기를 빼둔다.
3 **채소 잘게 썰기** 당근과 부추, 양파는 손질해서 잘게 썬다.
4 **재료 버무리기** 참치에 잘게 썬 당근, 부추, 양파를 넣고 소금, 통깨로 간하여 고루 섞는다.
5 **양상추에 싸기** 뜯어 놓은 양상추에 채소와 버무린 참치를 한 숟가락씩 올려 접시에 담는다.

궁금해요!

음식을 먹음직스럽게 담으려면?

A 큰 접시에 여유 있게 담으세요. 작은 접시에 가득 담으면 재료끼리 눌려서 모양이 살지 않고 숨이 죽어 맛도 볼품도 없어요. 그릇의 테두리 무늬나 홈 안쪽으로 음식을 소복이 담으면 적당해요.

284 kcal

토마토모짜렐라치즈샐러드

한 끼 가볍게 해결하고 싶을 때,
또는 애피타이저로 안성맞춤.

재료 | 4인분

10분

토마토 4개
모짜렐라치즈 150g
바질 8~10잎

소스
올리브오일 4큰술
식초 3큰술
소금 1작은술
후춧가루 조금

끓는 물에 담갔다가
찬물에 헹군 후
벗기면 잘 벗겨져요.

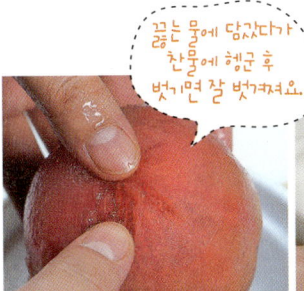

1 토마토 껍질 벗기기

3 모짜렐라치즈 썰기

바질은 샐러드, 피자,
스파게티 등에
쓰이는 대표 허브.

4 바질 준비하기

5 소스 만들기

1 **토마토 껍질 벗기기** 토마토는 열십자로 칼집을 넣어 끓는
   물에 담갔다가 건져 바로 찬물에 헹군 후 껍질을 벗긴다.
2 **토마토 썰기** 껍질 벗긴 토마토를 모양 살려 도톰하게
   썬다.
3 **모짜렐라치즈 썰기** 모짜렐라치즈는 토마토와 비슷한
   크기로 동글납작하게 썬다.
4 **바질 준비하기** 바질은 깨끗이 씻어 물기를 뺀다.
5 **소스 만들기** 분량의 양념을 섞어 소스를 만든다.
6 **담기** 접시에 준비한 토마토와 치즈, 바질을 보기 좋게
   겹쳐 놓고 소스를 끼얹는다.

Q 궁금해요!

토마토의 영양과 효능

A 토마토는 펙틴이라는 성분이 장 운동을 돕고 피부미용
과 노화방지, 소화불량과 고혈압·동맥경화 예방에 탁월
해요. 칼륨 함량이 높아 설탕보다 소금으로 조리하는 게
적합하며 꼭지가 녹색이고 과육이 탄력이 있으면서 묵직
한 게 신선해요.

426kcal

피망소스라면볶음

구운 라면에 피망소스를 끼얹은 별미요리.
라면을 좋아하는 아이들을 위한 영양 간식이다.

재료 | 4인분

30분

라면 2봉지
쇠고기 120g
노랑·빨강 피망 1/2개씩
주황·초록 피망 1/2개씩
굵은 파 1/3대
생강 1/2톨
식용유 조금
물 1과1/2컵

소스양념

굴소스 2큰술
간장·참기름 1/2큰술씩
녹말물 3큰술
청주 1큰술
소금·후춧가루 조금씩

물기가 빠지게 체에 밭쳐두세요.

1 라면 삶기

뒤집개로 꾹꾹 눌러가며 노릇하게 지져요.

2 삶은 라면 굽기

3 쇠고기·채소 채썰기

5 소스에 녹말물 풀기

1 **라면 삶기** 끓는 물에 라면을 삶아 건진 후 찬물에 헹구어
체에 밭쳐둔다.

2 **삶은 라면 굽기** 달군 팬에 기름을 두르고 삶은 라면을
뒤집개로 납작하게 눌러가며 앞뒤로 굽는다.

3 **쇠고기·채소 채썰기** 쇠고기는 살코기로 준비해 4cm
길이로 채 썬다. 피망, 파, 생강도 같은 길이로 채 썬다.

4 **소스 만들기** 달군 팬에 기름을 조금 두르고 채 썬 파와
생강을 볶다가 매운 향이 나기 시작하면 쇠고기를 넣어
볶다가 물을 부어 끓인다.

5 **소스에 녹말물 풀기** 육수가 끓으면 분량의 굴소스, 간장,
청주를 넣고 채 썬 피망을 넣어 잠깐 끓이다가 녹말물을
풀어 걸쭉하게 만든다. 소금, 후춧가루로 간하고
참기름으로 마무리한다.

6 **소스 끼얹기** 구운 라면을 접시에 담고 소스를 끼얹는다.

궁금해요!

라면 노릇노릇하게 굽기

A 삶은 라면은 물기를 쪽 빼고 뜨겁게 달군 팬에 올려
나무주걱이나 뒤집개로 꾹꾹 눌러가며 구우세요. 그래야
모양이 흐트러지지 않고 바삭해요.

COOKING NOTE

식비 절약, 반찬 해결!
주말동안 냉장고 정리하기

식재료를 두서없이 냉장고에 넣어두면 정작 필요할 때 찾지를 못해서 요리를 포기하거나
장을 다시 보게 된다. 시간 있을 때 재료별로 갈무리 하고 먹을 만큼 나누어 투명용기에 보관하자.
냉장고 안이 깔끔하게 정리되어 식재료를 찾아 쓰기도 쉽고 요리하는 맛도 난다.

검은 봉투 NO! 투명 용기OK!

냉장고에 보관할 식품은 내용물을 쉽게 식별할 수 있는 투명
한 용기나 봉투에 담아 놓아야 꺼내기 쉽다. 검은 봉투에 담
아 놓으면 지저분하고 속도 안보여 찾아 쓰기 힘들다.

보관 식품에 이름표 붙이기

식품 이름과 보관 날짜를 적어 밀폐용기에 붙여 놓는다. 글자
가 번지지 않도록 유성펜을 사용한다. 식품마다 이름표를 붙
여두면 보관 식품을 계획성 있게 쓸 수 있어 식비 절감 효과
도 있다.

냉장고의 식품 재고분을 점검한 후 장보기

장을 보기 전에 미리 냉장고 속 식품 재고분을 점검한 후 일
주일 단위로 꼼꼼하게 식단을 짜서 필요한 만큼의 식품만 구
입하면 음식물 쓰레기를 줄일 수 있고 식비도 아낄 수 있다.

식품 보관 목록 만들어 붙이기

식품을 장기간 보관해야 할 경우 자칫 어떤 것을 보관했는지
잊어버릴 수가 있으므로 냉장고 안에 있는 식품 목록을 적어
냉장고 문에 붙여놓자.

냉동 보관 5가지 요령

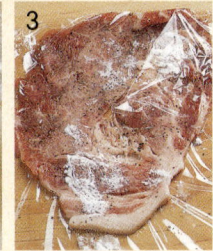

❶ **신선한 식품을 냉동한다** 냉동 보관하더라도 기간이 길어질수록 맛이 떨어지므로 신선할 때 냉동한다.

❷ **랩으로 싼 후 다시 비닐팩에 보관한다** 랩이나 비닐팩에 보관할 때는 빈틈없이 싸 식품이 산화되지 않게 한다.

❸ **편평한 상태로 보관한다** 냉동할 식품은 가능하면 편평한 상태로 펼쳐서 보관해야 균일하게 냉동된다. 얇은 형태로 보관하면 해동도 빠르고 보관하기도 쉽다.

❹ **알루미늄 재질 용기에 담아 보관한다** 급속 냉동을 위해 알루미늄 재질의 쟁반에 옮겨 담아 냉동한다.

❺ **냉동 날짜를 적어둔다** 냉동시킨 날짜를 적어둔다. 고기와 어패류는 3주, 채소는 한 달을 넘기지 않도록 한다.

냉동 보관하면 안되는 음식

❶ 젤리가 들어간 빵이나 파이는 얼리면 물기가 생기고 부서진다.

❷ 떠먹는 요구르트나 휘핑크림, 마요네즈도 기름과 물이 분리되므로 냉장 보관한다.

❸ 튀김도 눅눅해지므로 피한다.

냉동 보관 정리 아이디어

❶ 우유팩에 육수나 국물을 담아 얼린다.

❷ 플라스틱 바구니나 밀폐용기로 공간 활용도를 높일 수 있다.

❸ 곡류는 페트병에 담아둔다.

❹ 유리병은 피하고 플라스틱 보관용기에 담아 보관한다.

❺ 달걀팩에 다진 마늘이나 수프, 양념 등을 보관할 수 있다.

냉동 포장의 기본

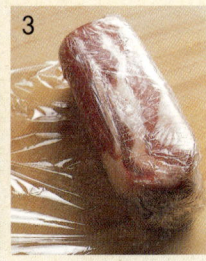

❶ 랩으로 싼 후 비닐팩에 넣는다.

❷ 재료는 맨손으로 만지기보다 비닐장갑을 끼고 손질한다.

❸ 공기와 닿지 않도록 빈틈없이 꼭꼭 싼다.

고기 보관 요령

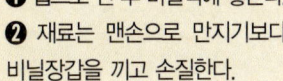

❶ 구입 할 때의 포장을 활용하면 날짜를 확인할 수 있다.

❷ 고기를 비닐팩에 담아 밀봉하고 위에 보관한 날짜를 쓴다.

❸ 쿠킹 호일로 싸거나 금속 쟁반에 담아두면 급속 냉동이 가능하다.

part 3

늦은 아침을 위한
브런치

p132 고구마샐러드와 구운식빵

p134 멸치당근주먹밥

p140 에그햄크레이프

여유로운 시간을 보내고 싶은 주말,

늦은 아침 식사도

특별하게 즐기고 싶다면 가벼운

브런치 메뉴로 시작하자.

버터에 구운 고소한 토스트와

부드러운 오믈렛, 상큼한 주스 등

일상 메뉴와 다른 음식들이 입안을

부드럽게 감싼다.

달달한 아침맞이 브런치 요리를

소개한다.

p142 찹쌀팬케이크

p148 통감자구이

p150 호두바나나샌드위치

387 kcal

고구마샐러드와 구운식빵

찐 고구마에 달걀을 다져 넣은 샐러드.
식빵에 발라먹으면 든든하다.

재료 | 3인분

20분

식빵 6쪽
고구마 2개
달걀 1개
마요네즈 2큰술
머스터드 1작은술
소금·흰후춧가루 조금씩
버터 적당량

찐 고구마가
식기 전에 으깨요

1 찐 고구마 으깨기

2 달걀 삶아 으깨기

4 식빵 잘라 굽기

1 **찐 고구마 으깨기** 고구마는 포슬포슬하게 쪄서 껍질을
벗긴 후 뜨거울 때 으깬다.

2 **달걀 삶아 으깨기** 달걀은 완숙으로 삶아 흰자는 잘게
다지고 노른자는 곱게 으깬다.

3 **버무리기** 으깬 고구마와 달걀에 마요네즈, 머스터드,
소금, 흰후춧가루를 넣어 고루 섞는다. 오이피클과
칠리고추를 곱게 다져 넣어도 맛있다.

4 **식빵 잘라 굽기** 식빵은 이등분하여 양면에 버터를 바르고
노릇노릇하게 굽는다.

5 **담기** 구운 식빵과 고구마샐러드를 따로 담아 먹을 때 발라
먹는다. 과일을 곁들이면 늦은 아침 든든한 식사가 된다.

Q  궁금해요!

고구마를 금방 삶으려면?

A 다시마를 가로 10cm, 세로 5cm 크기로 준비해 고구
마를 찔 때 넣어보세요. 조리시간도 단축되고 다시마 성분
이 고구마를 부드럽게 해주어 맛이 한결 좋아진답니다.

392 kcal

멸치당근주먹밥

밥에 두세 가지 반찬을 넣은 주먹밥은 가벼운 한 끼로 최고.
특히 늦잠 잔 주말, 아침 메뉴로 그만이다.

재료 | 4인분

20분

밥 3공기
잔멸치 100g
당근 1/4개
식용유 조금

볶음양념
간장 1/2작은술
설탕 · 청주 1작은술씩

주먹밥양념
소금 · 깨소금 1큰술씩
참기름 1작은술

볶아서 식힌 후
다지세요.

2 잔멸치볶음 다지기

3 당근 다져서 익히기

소금, 참기름,
깨소금을 넣어
고소해요.

4 버무리기

비닐랩을
이용하면
편해요.

5 모양 빚기

1 **잔멸치 볶기** 잔멸치를 손질한 후 달군 팬에 기름을 조금
 두르고 볶음양념에 짭짤하게 볶는다.

2 **잔멸치볶음 다지기** 양념에 볶은 잔멸치를 굵게 다진다.

3 **당근 다져서 익히기** 당근을 손질해 곱게 다진 후
 전자레인지에 1분 정도 익힌다.

4 **버무리기** 넓은 그릇에 밥, 다진 잔멸치볶음, 익힌 당근을
 넣고 주먹밥양념에 버무린다.

5 **모양 빚기** 양념한 밥을 한 주먹씩 손바닥에 올리고 잘
 뭉쳐서 둥글게 모양을 빚는다.

 궁금해요!

주먹밥 동그랗게 빚는 요령

A 밥을 뭉칠 때 맨손으로 뭉치면 밥알이 손에 묻어서 빚
기 힘들지요. 비닐랩을 큼직하게 잘라 손바닥에 놓고 밥을
올려 랩으로 싸서 뭉치면 밥알이 손에 묻지 않고 동그랗
게 모양내기도 쉬워요.

342 kcal

바나나프렌치토스트

주말 오전, 늦잠 잔 아침을 위한 간단 메뉴로 강추!
바나나와 토스트의 부드러운 맛이 잘 어울린다.

재료 | 2인분

15분

식빵 4장
바나나 2개
달걀 3개
우유 2큰술
계핏가루 조금
버터 4큰술
설탕 1큰술
잼이나 메이플시럽 조금

1 식빵 썰기

2 달걀·우유·계핏가루 섞기

껍질을 벗겨
동그랗게 썰어요

4 바나나 준비하기

1 **식빵 썰기** 식빵은 삼각형이 되게 반으로 자른다.

2 **달걀·우유·계핏가루 섞기** 달걀을 곱게 푼 후 우유와
계핏가루를 섞는다.

3 **식빵에 달걀물 입혀 굽기** 식빵에 달걀물을 고루 입힌 후
버터 두른 팬에 노릇하게 굽는다.

4 **바나나 준비하기** 바나나는 껍질을 벗겨 0.7cm 정도
두께로 동그랗게 썬다.

5 **바나나 볶기** 달군 팬에 버터를 두르고 동그랗게 썬
바나나를 넣어 설탕을 뿌려가며 갈색이 나도록 재빨리
볶는다.

6 **잼이나 시럽 곁들이기** 볶은 바나나와 프렌치토스트를
접시에 담고 잼이나 시럽을 곁들인다.

Q 궁금해요!

바나나 싱싱하게 보관하려면?

A 바나나는 껍질이 거뭇거뭇하게 변하기 시작할 때가 맛
있어요. 하지만 하루 이틀 지나면 껍질이 어느새 검게 변
하고 속이 물컹해지지요. 오래 두고 먹으려면 껍질을 벗겨
속만 비닐봉지에 담아 냉동실에 얼려두세요. 맛이 유지되
어 해동해서 먹어도 맛있어요.

297 kcal

소시지피망오믈렛

피망, 양파, 소시지 등 냉장고 속 재료를 활용한 오믈렛.
치즈를 얹어 달걀로 잘 감싸면 먹음직스럽고 푸짐하다.

재료 | 4인분

20분

달걀 8개
소시지 1/2개
빨강 · 초록 피망 1개씩
양파 1개
토마토 1/2개
슬라이스치즈 2장
토마토소스 1/3컵
소금 · 후춧가루 조금씩
올리브오일 조금

1 달걀물 체에 내리기

2 소시지 썰기

3 채소 준비하기

5 달걀물 익히기

반 정도 익으면 볶아둔 재료와 치즈를 올려요.

1 **달걀물 체에 내리기** 달걀은 곱게 풀어 소금과 후춧가루로 간한 후 체에 내린다.

2 **소시지 썰기** 소시지는 동글납작하게 썬다.

3 **채소 준비하기** 피망은 반 갈라 씨를 제거한 후 양파와 함께 네모지게 썬다. 토마토도 비슷한 크기로 썰어 씨를 없앤 후 물기를 짜둔다.

4 **소시지 · 채소 볶기** 달군 팬에 올리브오일을 두른 후 소시지와 양파를 볶다가 토마토와 피망을 함께 볶고 소금, 후춧가루로 간한다.

5 **달걀물 익히기** 팬을 달군 후 올리브오일을 살짝 두르고 달걀물을 부어 익힌다.

6 **볶아둔 재료 넣기** 달걀물이 반 정도 익었을 때 볶아둔 소시지와 채소, 치즈를 올려 달걀로 감싸 익힌다. 다 익으면 접시에 담고 토마토소스를 뿌린다.

Q 궁금해요!

브런치 카페의 오믈렛처럼 맛내기

A 달걀물은 거품기로 충분히 거품을 내세요. 달걀이 익으면서 폭신하게 부풀어 올라 맛과 모양이 좋아져요. 속 재료 중 토마토는 씨를 제거하고 살짝 쥐어서 물기를 빼주고, 버섯이나 양파는 미리 센 불에 후다닥 볶아 수분을 없애주세요. 달걀물이 반 정도 익었을 때 속 재료를 넣고 치즈를 올려 달걀로 감싸주면 모양이 잘 잡혀요.

310 kcal

에그햄크레이프

부드럽고 고소해 입맛 없는 늦은 아침, 가벼운 식사로 그만이다.
바쁜 아침, 식사 대용으로도 좋고 간식으로도 좋다.

재료 | 4인분

25분

밀가루(중력분) 1컵
달걀 1개
우유 1컵
슬라이스햄 6장
소금 조금
올리브오일 적당량
식용유 조금

달걀지단

달걀 2개
다시마물 1큰술
소금 1/3작은술
청주 1작은술

1 밀가루 체에 내리기

2 반죽 재료 섞기

> 올리브오일을 적당히 두르고 약한 불에서 부쳐요.

3 크레이프 부치기

> 달걀물에 다시마물과 청주를 섞으면 부드러워요.

4 지단·햄 부치기

1 **밀가루 체에 내리기** 밀가루는 중력분으로 준비해 소금을 조금 섞고 고운체에 서너 번 내린다.

2 **반죽 재료 섞기** 넓은 그릇에 달걀 1개를 깨뜨려 넣고 우유를 부어 잘 푼 뒤 체에 내린 밀가루를 섞는다.

3 **크레이프 부치기** 달군 팬에 올리브오일을 두르고 반죽을 한 국자씩 떠서 얇게 부친다.

4 **지단·햄 부치기** 팬에 기름을 살짝 두른 후 분량의 달걀지단 재료를 고루 섞어 얇게 부친다. 햄도 부친다.

5 **크레이프 싸기** 크레이프를 펼쳐 놓고 달걀지단과 햄을 차례로 올린 후 반으로 접어 포장지로 싸거나 그릇에 담는다.

Q 궁금해요!

크레이프를 매끈하게 부치려면?

A 팬에 기름을 바른 후 반죽을 한 국자 정도 떠놓고 팬을 돌려가며 반죽을 퍼뜨려 모양을 만들어요. 이때 반죽의 양은 팬 바닥이 얇게 덮일 정도가 적당하며 반죽이 익어도 뒤집지 말고 그대로 두세요. 밀가루는 반드시 중력분을 사용하고 반죽할 때 우유를 동량으로 섞어야 해요.

294 kcal

찹쌀팬케이크

찹쌀과 견과류로 맛을 낸 영양만점 팬케이크.
입맛 없는 늦은 아침, 쫄깃하고 고소한 맛이 식욕을 돋운다.

재료 | 4인분

30분

찹쌀가루 1과1/3컵
호두 2개
풋콩 3큰술
밤 5개
건포도 1큰술
계핏가루 섞은 황설탕 1큰술
소금 조금
식용유 조금
뜨거운 물 3큰술

너무 잘게 다지지 마세요.

1 찹쌀가루 반죽하기

2 호두 다지기

풋콩은 불렸다 삶아요.

3 풋콩·밤 준비하기

4 팬케이크 만들기

1 **찹쌀가루 반죽하기** 찹쌀가루에 뜨거운 물 3큰술과 소금을 넣고 익반죽하여 충분히 치댄다.

2 **호두 다지기** 호두는 콩알 굵기로 굵게 다진다.

3 **풋콩·밤 준비하기** 풋콩은 불려서 익히고 밤은 그대로 삶아서 호두와 비슷한 크기로 썬다.

4 **팬케이크 만들기** 찹쌀반죽을 동그랗게 빚은 후 1cm 정도 두께로 납작하게 눌러 기름 두른 팬에 굽는다.

5 **토핑 올리기** 찹쌀팬케이크에 익힌 풋콩과 밤, 호두, 건포도를 올리고 계핏가루 섞은 황설탕을 뿌린다.

6 **굽기** 토핑 올린 팬케이크를 뚜껑을 덮어 약한 불에서 서서히 굽다가 설탕이 녹으면 불을 끈다.

궁금해요!

팬케이크 더 맛있게 만들려면?

A 밀가루나 핫케이크가루에 우유나 물을 넣고 반죽한 것보다 찹쌀가루를 뜨거운 물로 익반죽한 팬케이크가 찰지고 맛있어요. 반죽을 여러 번 치대주면 끈기가 생겨 구웠을 때 훨씬 쫄깃하답니다.

222 kcal

치즈오믈렛

달걀과 치즈는 궁합이 잘 맞는 재료.
오믈렛에 양송이버섯과 양파를 넣어 맛과 영양이 더욱 좋다.

재료 | 4인분

10분

달걀 4개
모짜렐라치즈 100g
감자 1개
양송이버섯 3개
양파 1/2개
치즈가루 2큰술
소금·후춧가루 조금씩
올리브오일 조금

치즈가 풀어질
때까지 저어요.

1 달걀물에 치즈 다져 넣기

3 버섯·양파 썰기

뒤집지 말고
뚜껑 덮어 약한
불에 익혀요.

4 채소 볶기

5 달걀물 부어 익히기

1 **달걀물에 치즈 다져 넣기** 달걀은 곱게 풀어 체에 내린 후 모짜렐라치즈를 잘게 다져 넣고 소금, 후춧가루로 간을 맞춘다.

2 **감자 준비하기** 감자는 큼직하고 얇게 썰어 찬물에 담가두었다가 녹말기가 빠지면 체에 밭쳐둔다.

3 **버섯·양파 썰기** 양송이버섯은 모양을 살려 얇게 썰고 양파는 곱게 채 썬다.

4 **채소 볶기** 달군 팬에 올리브오일을 두른 후 얇게 썬 감자와 채 썬 양파를 볶다가 버섯을 함께 볶는다.

5 **달걀물 부어 익히기** 채소가 거의 익으면 치즈 넣은 달걀물을 넉넉히 붓고 뚜껑을 덮어 약한 불에서 속까지 서서히 익힌다.

6 **치즈가루 뿌리기** 오믈렛이 익으면 4등분으로 나누어 접시에 담고 치즈가루를 뿌린다.

 **Q** 궁금해요! ----------

모짜렐라치즈란?

A 숙성 과정을 거치지 않은 생 치즈로 치즈를 좋아하지 않는 사람들도 무난히 먹을 수 있어요. 샐러드, 그라탱, 수프, 치즈스틱 등을 만들 때 자주 사용해요.

481 kcal

크루아상샌드위치

미니크루아상으로 만들면 아이들도 잘 먹는다. 샌드위치
속 재료는 냉장고에 남은 재료나 입맛에 따라 변화를 준다.

재료 | 2인분

10분

미니크루아상 6개
방울토마토 5~6개
치커리 2~3장
오이피클 2개
슬라이스치즈 2장

소스
마요네즈 5큰술
머스터스 2큰술
꿀 1큰술
소금 조금

치커리는 건져서 체에 밭쳐두세요.

1 방울토마토·치커리 준비하기

3 소스 만들기

버터나이프로 빵 안쪽까지 발라요.

4 크루아상에 소스 바르기

1 **방울토마토·치커리 준비하기** 방울토마토는 둥글게 잘라
   놓고 치커리는 찬물에 담갔다 건져 물기를 빼둔다.

2 **피클·치즈 썰기** 오이피클은 손가락 길이로 얇게 썰고
   슬라이스치즈는 토마토와 비슷한 크기로 자른다.

3 **소스 만들기** 마요네즈, 머스터드, 꿀, 소금을 분량대로
   섞어 소스를 만든다.

4 **크루아상에 소스 바르기** 미니크루아상은 옆으로 반을
   살라 안쪽 면에 소스를 바른다.

5 **재료 넣기** 미니크루아상에 치커리, 피클, 치즈,
   방울토마토를 가지런히 끼워 넣는다.

Q *궁금해요!*

치즈가 몸에 좋은 이유

A 치즈는 우유를 유산균이나 효소 작용으로 응고, 수분
을 제거한 음식이에요. 그만큼 영양이 농축되어 있어 슬라
이스치즈 한 장에도 영양이 아주 풍부하지요. 단백질, 칼
슘, 각종 비타민과 미네랄이 우유의 8~10배라고 합니다.

186 kcal

통감자구이

패밀리레스토랑에서 먹어본 통감자구이를 집에서 만들어보자.
오븐이 없다면 전자레인지를 이용한다.

재료 | 2인분

20분

감자(중간크기) 2개
베이컨 1장
슬라이스치즈 1/2장
다진 파슬리 조금
떠먹는 요구르트 4큰술
버터 1큰술
소금 조금

칼집이 너무 깊으면 구웠을 때 부서져요.

1 감자에 칼집 넣기

2 버터 올려 굽기

치즈는 0.5cm 정도 굵기가 적당!

감자가 뜨거울 때 토핑을 올려요.

4 치즈·파슬리 준비하기

5 토핑 올리기

1 **감자에 칼집 넣기** 감자는 깨끗이 씻어 껍질째 윗면에
열십자로 칼집을 넣는다.

2 **버터 올려 굽기** 칼집을 넣은 감자에 버터를 올리고
200℃로 예열한 오븐에 굽는다.

3 **베이컨 다져 지지기** 베이컨은 잘게 다져서 달군 팬에
노릇하게 지진 후 키친타월에 올려 기름을 뺀다.

4 **치즈·파슬리 준비하기** 슬라이스치즈는 가늘게 채 썰고
파슬리는 다진다.

5 **토핑 올리기** 구운 감자에 떠먹는 요구르트를 끼얹고 구운
베이컨과 치즈, 다진 파슬리를 보기 좋게 올린다.

 궁금해요!

통감자구이를 빨리 하려면?

A 통감자를 구우려면 시간이 걸리지요. 일단 삶아서 칼
집을 넣고 구우면 조리시간을 30분 정도 줄일 수 있어요.
오븐이 없으면 전자레인지에 10분 정도 구워도 됩니다.

596 kcal

호두바나나샌드위치

바나나의 부드러운 맛과 호두의 고소한 맛이
찰떡궁합. 유명 카페의 브런치 메뉴가 부럽지 않다.

재료 | 4인분

15분

식빵 8장
바나나 4개
호두 한 줌
달걀 6개
우유 1/4컵
계핏가루 조금
슈거파우더 조금
버터 4큰술

잘 익은 바나나를 골라요.

2 바나나 으깨기

4 바나나호두잼 바르기

샌드위치 윗면과 아랫면, 옆면에 고루 입혀요.

5 달걀물 입히기

1 **식빵·호두 준비하기** 식빵은 반으로 자르고 호두는 굵게
　다진다.

2 **바나나 으깨기** 바나나는 잘 익은 것으로 준비해 껍질을
　벗긴 후 포크로 으깨어 놓는다.

3 **으깬 바나나·다진 호두 섞기** 으깬 바나나와 다진 호두를
　고루 섞어 잼을 만든다.

4 **바나나호두잼 바르기** 식빵 한 쪽면에 바나나호두잼을
　바르고 다른 식빵으로 덮는다.

5 **달걀물 입히기** 달걀을 풀어 분량의 우유와 계핏가루를
　섞고 바나나호두잼을 바른 샌드위치를 담갔다가 건진다.

6 **달걀물 입힌 샌드위치 굽기** 달군 팬에 버터를 두르고
　달걀물 입힌 샌드위치를 노릇하게 굽는다. 접시에 낼 때
　슈거파우더를 솔솔 뿌린다.

Q 궁금해요!

슈거파우더는 어떤 요리에 사용할까?

A 가루설탕 또는 분당이라고도 하지요. 결정체가 큰 설
탕을 곱게 가루 내어 밀가루처럼 곱고 부드러우며 맛은
달콤하고 촉촉해요. 빵, 쿠키, 도넛, 과자 등에 뿌려 장식
으로 많이 사용해요. 대형마트나 제과제빵 재료상에서 구
입할 수 있어요.

part 4

주말에 먹는
한 그릇 밥&국수

p156 버섯양파덮밥

p158 베트남쌀국수

p166 장터국수

별미 한 그릇 밥과 국수로

입맛을 살리자.

볶음밥·덮밥·국수·그라탱 등

가족들이 좋아하는

한 그릇 메뉴는 별다른 반찬이

없어도 맛있게 한 끼 해결해 준다.

냉장고에 남은 채소와 고기도

활용하면서 맛과 영양을

한 그릇에 담을 수 있으니 주부로서

이보다 더 좋은 메뉴도 없다.

p168 참치김치볶음밥

p172 카레라면

p178 해물리조또

574kcal

닭칼국수

닭 육수로 담백하게 끓인 칼국수.
주말 오후, 김치 한 가지만 있어도 맛있게 먹을 수 있는 한 그릇 메뉴다.

재료 | 4인분

40분

닭 반 마리
굵은 파 2대
국간장 1큰술
소금 조금
물 10컵

칼국수 반죽
밀가루 3컵
달걀흰자 1/2개 분량
식용유 1/2작은술
소금 조금
물 적당량

양념장
다진 마늘 2큰술
고춧가루 1~2큰술
통깨·참기름 1큰술씩
후춧가루 1/4작은술

면이 서로 엉키거나 뭉치지 않도록 헤쳐 놓아요.

둥둥 떠오르는 기름기를 말끔히 걷어내세요.

2 칼국수 반죽 썰기

3 닭 육수 만들기

4 닭살 찢기

7 닭살·파·양념장 올리기

Q 궁금해요!

담백한 닭 육수 만들기

A 닭을 1시간 정도 삶아 살만 발라낸 후 다시 끓여요. 국물이 우러나면 뼈를 건져내고 끓인 육수를 베보자기에 받치면 국물이 깔끔해요.

1 **칼국수 반죽하기** 칼국수 반죽 재료를 분량대로 섞어 치댄 후 비닐봉지에 싸서 냉장고에 1시간 정도 둔다.

2 **칼국수 반죽 썰기** 냉장고에 두었던 칼국수 반죽을 얇게 민 후 서너 번 말아 굵게 썬다.

3 **닭 육수 만들기** 끓는 물에 닭을 넣고 푹 삶아 국물을 따로 받아둔다.

4 **닭살 찢기** 삶은 닭은 건져서 살만 발라 쪽쪽 찢는다.

5 **파·양념장 준비하기** 굵은 파는 어슷 썰고, 분량의 양념은 고루 섞어 양념장을 만든다.

6 **면 넣고 끓이기** 따로 받아둔 닭 육수에 면을 넣어 끓인다.

7 **닭살·파·양념장 올리기** 면이 투명하게 익으면 그릇에 담고 닭살, 어슷 썬 파, 양념장을 올린다. 국물은 그릇의 7~8부 정도 붓는다.

371 kcal

버섯양파덮밥

버섯을 굴소스에 볶아서 밥에 올린 영양 덮밥. 반찬은 없고 찬밥이 남아있거나 주중에 해먹고 남은 재료들을 활용하고 싶을 때 딱 좋은 메뉴다.

재료 | 4인분

20분

밥 3공기
양송이버섯 12개
양파 1/2개
다진 쇠고기 80g
다진 파 1큰술
다진 마늘 1작은술
굴소스·참기름 1큰술씩
식용유·통깨 조금씩
소금·후춧가루 조금씩

녹말물
다시마물 1/2컵
녹말가루 1큰술

1 버섯·양파 손질하기

2 재료 볶기

굴소스와 통깨,
참기름으로 간해요.

3 녹말물 붓기

1 **버섯·양파 손질하기** 양송이버섯은 도톰하게 4등분 하고 양파는 곱게 채 썬다.

2 **재료 볶기** 팬에 기름을 두르고 채 썬 양파, 다진 파·마늘을 볶다가 다진 쇠고기와 버섯을 넣고 굴소스, 통깨, 참기름으로 간하여 고루 볶는다.

3 **녹말물 붓기** 다시마물에 녹말가루를 푼 후 볶아둔 재료에 붓고 소금, 후춧가루로 간하여 걸쭉하게 끓인다.

4 **덮밥 소스 끼얹기** 그릇에 밥을 적당히 담고 걸쭉한 덮밥 소스를 끼얹는다.

Q 궁금해요!

남은 채소 보관은?

A 버섯은 생으로, 양파는 볶아서, 고추와 파는 작게 썰어서 냉동하세요. 마늘이나 생강은 다져서 비닐랩에 얇게 펼친 후 바둑판 모양으로 칼집을 내어 포장해서 얼리면 쓰기 편해요.

494 kcal

베트남쌀국수

베트남쌀국수를 집에서 솜씨 내어 만들어보자.
육수만 맛있어도 절반은 성공한 셈. 쌀국수는 오래 삶지 않도록 한다.

재료 | 4인분

쌀국수 400g
쇠고기(양지머리) 200g
양파 1/2개
숙주 1봉지
붉은고추 1개
굵은 파·코리앤더(고수) 조금씩
레몬 1/2개
팔각 1개
정향 2개
생강편·월계수잎 조금씩
생선소스·소금·후춧가루 조금씩
물 10컵

너무 오래 삶으면 맛이 없어요.

1 쌀국수 삶기

2 채소 손질하기

5 육수 거르기

6 담기

1 **쌀국수 삶기** 쌀국수는 끓는 물에 부드럽게 삶아 건진다.
2 **채소 손질하기** 숙주는 다듬어 씻고 코리앤더는 짧게 뜯어 놓는다. 레몬은 반달모양으로 썰고 붉은고추와 굵은 파는 송송 썬다.
3 **양파·고기 굽기** 양파는 3~4토막으로 썰어 석쇠나 팬에 올려 노릇하게 굽는다. 쇠고기도 큼직하게 썰어 구운 양파와 함께 팬에 볶는다.
4 **육수 만들기** 볶은 양파와 쇠고기에 물을 충분히 붓고 팔각, 정향, 생강편, 월계수잎을 넣어 서서히 끓이면서 기름을 걷는다.
5 **육수 거르기** 푹 끓인 육수는 베보자기에 내려 기름기를 제거한 후 냄비에 담고, 쇠고기는 얇게 썰어 넣어 끓인다. 생선소스와 소금, 후춧가루로 간하여 한소끔 더 끓인다.
6 **담기** 그릇에 삶은 쌀국수를 담고 쇠고기, 숙주, 코리앤더, 송송 썬 파와 고추, 레몬을 올린 후 육수를 붓는다.

Q 궁금해요!

쌀국수의 맛과 질감을 살리려면?

A 쌀국수는 너무 오래 삶으면 특유의 질감이 사라집니다. 찬물에 담갔다가 뜨거운 물을 부어 익히는 것도 좋은 방법이에요.

498 kcal

오색그라탱

밥 대신 마카로니로 만든 별미 그라탱.
냉장고 속 남은 채소를 정리하고 싶을 때 만들어보자. 아이들 간식으로도 최고.

1 마카로니 삶아 버터에 버무리기

2 부재료 볶기

3 화이트크림소스 만들기

우유가 걸쭉하게 끓을 때 생크림을 넣으세요.

4 내열 그릇에 담기

5 빵가루·파슬리가루·치즈 얹어 굽기

재료 | 4인분

50분

마카로니 200g
양파·당근·피망 1/2개씩
햄·맛살 100g씩
옥수수통조림 조금
완두콩통조림 조금
피자치즈 조금
빵가루·파슬리가루 조금씩
버터·올리브오일 적당량

화이트크림소스
버터·밀가루 2큰술씩
우유 2컵
생크림 1/2컵
소금·후춧가루 조금씩

1 **마카로니 삶아 버터에 버무리기** 끓는 물에 마카로니를
   15분 정도 삶아 버터에 버무린다.
2 **부재료 볶기** 양파, 당근, 피망, 햄은 잘게 깍둑썰기하여
   팬에 올리브오일을 두르고 볶는다. 맛살도 양파처럼 잘게
   깍둑썰기 한다.
3 **화이트크림소스 만들기** 달군 팬에 버터를 두르고
   밀가루를 볶다가 우유를 부어 끓인다. 우유가 걸쭉해지면
   생크림을 넣고 소금, 후춧가루로 간한다.
4 **내열 그릇에 담기** 내열 그릇에 버터를 바르고 마카로니,
   볶은 채소, 맛살, 통조림 옥수수와 완두콩,
   화이트크림소스를 고루 섞어 담는다.
5 **빵가루·파슬리가루·치즈 얹어 굽기** 내열그릇에 담은
   그라탱 재료 위에 빵가루와 파슬리가루를 뿌린 후
   피자치즈를 얹어 220℃로 예열한 오븐에 20분간 굽는다.

Q 궁금해요!

마카로니 삶는 요령

A 끓는 물에 기름 한두 방울을 넣고 삶으면 부드러워요.
약 15분쯤 삶아 건져서 물기를 빼고 뜨거운 상태에서 버
터나 올리브오일을 조금 넣고 버무리면 엉겨 붙지 않아요.

421 kcal

오이채비빔국수

새콤달콤한 초고추장에 버무린 비빔국수는 주말 점심 메뉴로 제격.
오이를 채 썰어 넣으면 더욱 상큼하다.

재료 | 3인분

15분

소면 300g
오이 2개
치커리 조금
굵은 소금 적당량
초고추장양념장
초고추장 3큰술
참기름 1큰술
설탕·식초 1/2큰술씩
다진 마늘 1/2작은술
통깨 1작은술

부채 모양으로
펼쳐 넣어요.

1 소면 삶기

2 채소 준비하기

3 초고추장양념장 만들기

4 비비기

1 **소면 삶기** 끓는 물에 소면을 삶아 찬물에 헹군 후 체에
   받쳐둔다.

2 **채소 준비하기** 오이는 굵은 소금으로 문질러 씻은 후 곱게
   채 썰고 치커리는 씻어 물기를 빼둔다.

3 **초고추장양념장 만들기** 분량의 양념을 고루 섞는다.

4 **비비기** 삶은 소면과 오이채를 한데 담고
   초고추장양념장을 넣어 비빈다.

5 **담기** 비빔국수를 한 그릇씩 담고 치커리를 작게 잘라
   올린다.

궁금해요!

국수 쫄깃하게 삶으려면?

A 냄비에 물을 넉넉히 붓고 팔팔 끓을 때 국수를 부채
모양으로 펼쳐 넣어요. 면이 물 속으로 퍼지면 젓가락으로
휘휘 저으면서 끓이다가 거품이 일면서 끓어오르면 찬물
1컵을 부어요. 한번 더 끓으면 찬물 1컵을 더 부어 거품을
가라앉힌 후 재빨리 체에 쏟아 찬물에 헹구세요.

520kcal

온메밀국수

따뜻한 국물에 말아 먹는 메밀국수도 별미다.
무즙소스는 메밀의 독을 풀어주므로 넉넉히 만들어 곁들인다.

재료 | 2인분

25분

메밀국수 280g
쇠고기(등심) 100g
당근 1/2개
실파 5쪽
붉은고추 1/2개
김 1/2장

국수국물
다시마(사방 10cm 크기) 2장
가다랭이포 3큰술
간장 1큰술
물 6컵

무즙소스
무 1/2개
송송 썬 실파 2큰술
간장 3큰술
고추냉이 1큰술
다시마물 1/2컵

국수와 장국을 차게 하면 냉모밀국수가 돼요.

1 메밀국수 삶기

2 재료 준비하기

국물이 끓기 시작하면 다시마를 건지세요.

3 국수국물 만들기

4 무즙소스 만들기

Q 궁금해요!

국수국물을 깔끔하게 내려면?

A 국수국물에 생면을 바로 넣어 끓이면 전분가루가 떨어져 국물이 탁해져요. 면은 따로 삶아 두었다가 먹기 직전에 뜨거운 국물에 토렴해서 그릇에 담은 후 부재료를 얹는 것이 좋아요.

1 **메밀국수 삶기** 끓는 물에 메밀국수를 삶아 찬물에 헹군 후 1인분씩 사리를 지어둔다.

2 **재료 준비하기** 쇠고기와 당근, 붉은고추는 곱게 채 썰고 실파는 작게 송송 썬다. 김은 살짝 구워 가위로 잘라둔다.

3 **국수국물 만들기** 물에 다시마를 넣고 끓이다가 끓기 시작하면 다시마는 건져내고 채 썬 쇠고기와 당근을 넣어서 다시 한 번 끓여 간장으로 간한다. 간한 국물을 불에서 내려 가다랭이포를 넣었다가 1분 정도 후 건져낸다. 익은 쇠고기와 당근도 건져 놓는다.

4 **무즙소스 만들기** 무를 작게 썰어 믹서에 곱게 간 후 무즙소스 재료를 분량대로 넣어 고루 섞는다.

5 **국물에 말기** 메밀국수에 뜨거운 국수국물을 2~3번 부었다 따라내기를 반복한 후 그릇에 담고 쇠고기, 당근, 실파, 고추, 김을 올린다. 국물은 그릇의 7~8부 정도 붓고 무즙소스는 넉넉히 곁들인다.

484 kcal

장터국수

소면, 어묵, 유부 정도만 있으면 쉽게 만들 수 있는 포장마차식 국수.
국물은 북어대가리, 국물용 멸치, 무, 다시마 등으로 맛을 낸다.

재료 | 3인분

⏰ **30분**

소면 300g
어묵 150g
유부 2장
부순 김 1/3컵
송송 썬 굵은 파 1/2대 분량
고춧가루·통깨 1작은술씩
간장 2큰술
소금·후춧가루 조금씩

국수국물
다시마(사방 10cm 크기) 2장
국물용 멸치 10마리
북어대가리 1개
무 1/4개
굵은 파 1/2대
마늘 3쪽
양파 1/2개
물 10컵

젓가락으로 돌돌
말면 사리짓기가
쉬워요!

국수국물
재료예요.

1 소면 삶기

2 국수국물 만들기

3 어묵·유부 끓이기

4 국수 토렴하기

뜨거운 국수국물을
2~3번 부었다
따라내었다 해요.

Q 궁금해요!

진하고 구수한 국수국물 내기

A 북어대가리, 국물용 멸치, 무, 마늘, 굵은 파 등을 망이나 베주머니에 담아 물을 넉넉히 붓고 푹 끓이세요. 불에서 내리기 전 다시마를 넣고 2분 정도 더 끓인 후 다시마를 건져내면 깊고 풍부한 국물이 돼요.

1 **소면 삶기** 끓는 물에 소면을 삶아 찬물에 헹군 후 1인분씩 사리를 지어놓는다.

2 **국수국물 만들기** 국수국물 재료 중 다시마만 빼고 베주머니에 넣어 분량의 물을 부어 끓인다. 마지막에 다시마를 넣어 2분 정도 더 끓인 후 베주머니와 다시마를 건져내고 간장, 소금, 후춧가루로 간을 맞춘다.

3 **어묵·유부 끓이기** 어묵을 살짝 데쳐 유부와 함께 국수국물에 넣어 끓인다.

4 **국수 토렴하기** 국수 그릇에 소면을 1인분씩 담고 뜨거운 국물을 두세 번 부었다 따라내기를 반복한다.

5 **고명 얹기** 따뜻해진 국수에 유부와 어묵, 송송 썬 파, 부순 김, 고춧가루, 통깨를 올리고 국물을 붓는다.

467 kcal

참치김치볶음밥

별다른 반찬 없이도 맛있게 먹을 수 있는 한 그릇 밥.
피망이나 당근, 양배추 등이 있다면 함께 넣고 볶아도 맛있다.

재료 | 2인분

15분

밥 1공기
참치통조림 1/5컵
배추김치 조금
양파 1/2개
굵은 파 1/2대
풋고추 · 붉은고추 1/4개씩
다진 마늘 1/2큰술
굴소스 1과1/2작은술
소금 · 후춧가루 조금씩
식용유 · 참기름 조금씩

1 참치 기름 빼기

2 김치 · 부재료 썰기

뜨거울 때
버무리세요.

3 밥 간하기

4 김치 먼저 볶기

1 **참치 기름 빼기** 통조림 참치는 체에 밭쳐 기름을 뺀다.
2 **김치 · 부재료 썰기** 배추김치는 속을 털어낸 후 송송 썰고 양파는 얇게 채 썬다. 굵은 파와 고추도 송송 썬다.
3 **밥 간하기** 밥에 굴소스를 넣어 버무린다.
4 **김치 먼저 볶기** 팬에 기름을 두르고 다진 마늘과 양파채를 볶다가 김치를 넣어 볶는다.
5 **밥 넣어 볶기** 김치볶음에 굴소스에 버무린 밥을 넣어 같이 볶다가 송송 썬 고추와 파를 넣고 마지막에 참치를 넣어 볶는다. 소금, 후춧가루로 간하고 참기름을 넣는다.

 **궁금해요!**

김치볶음밥 색다른 맛내기

A 김치볶음밥은 김치만 맛있으면 특별한 양념이 필요 없어요. 그래도 맛에 변화를 주고 싶다면 굴소스, 우스터소스, 스테이크소스 등 시판소스를 넣어 볶아보세요. 색다른 감칠맛이 있어요.

396kcal

치킨도리아

유명 레스토랑에서 맛본 치킨도리아를 만들어볼까?
닭고기볶음밥에 화이트소스와 치즈를 넣고 오븐에 구워 아이들 입맛에 잘 맞는다.

재료 | 2인분

50분

밥 1공기
닭고기(안심) 200g
양파 1/2개
양송이버섯 4개
피망 1개
피자치즈 150g
소금·후춧가루 조금씩
버터 조금

화이트크림소스
밀가루·버터 2큰술씩
우유 1컵
소금·후춧가루 조금씩

2 닭고기·채소 볶기

3 밥 넣어 볶기

4 화이트크림소스 만들기

5 화이트크림소스에 버무리기

1 **닭고기·채소 준비하기** 닭고기는 안심으로 준비해 잘게
  썬다. 양파, 양송이버섯, 피망도 잘게 썬다.

2 **닭고기·채소 볶기** 달군 팬에 버터를 녹이고 잘게 썬
  닭고기를 볶다가 양파, 양송이버섯, 피망을 넣어 함께
  볶는다.

3 **밥 넣어 볶기** 닭고기와 채소 볶음에 밥을 넣고 고슬하게
  볶다가 소금, 후춧가루로 간한다.

4 **화이트크림소스 만들기** 냄비에 버터를 두르고 약한
  불에서 밀가루를 볶다가 우유를 부어 잘 푼 다음 소금,
  후춧가루로 간한다.

5 **화이트크림소스에 버무리기** 볶은 밥에 화이트크림소스를
  반쯤 붓고 잘 섞어서 내열 그릇에 담는다.

6 **굽기** 화이트크림소스에 버무린 밥에 남은 소스를 올리고
  피자치즈를 골고루 뿌려 180℃로 예열한 오븐에서
  25~30분간 노릇하게 굽는다.

궁금해요!

도리아란?

A 도리스(Doris) 지방의 그라탱이라는 뜻으로 고기나 해
물을 넣고 볶은 밥에 화이트크림소스와 치즈가루를 뿌려
오븐에 구운 요리예요.

610 kcal

카레라면

남은 카레가루나 카레소스가 있다면 라면에 버무려보자. 카레 특유의 맛과 향이 라면과 잘 어울린다. 라면은 삶아서 볶아야 더 쫄깃하고 맛있다.

재료 | 3인분

20분

라면 2개
돼지고기(안심) 150g
감자 2개
당근 1/2개
양파 1/2개
다진 마늘 1/2큰술
소금·후춧가루 조금씩
식용유 적당량

카레소스
카레가루 4큰술
밀가루 2큰술
육수 3컵

육수를 부어 끓여요.

2 고기·채소 썰기

3 카레소스 만들기

5 카레소스 섞기

6 라면 넣어 버무리기

삶은 후 살짝 볶아둔 라면!

1 **라면 삶아 볶기** 끓는 물에 라면을 삶아 찬물에 헹군 후 팬에 기름을 둘러 살짝 볶는다.

2 **고기·채소 썰기** 돼지고기는 살코기로 준비해 깍뚝썰기를 한다. 감자, 당근, 양파도 돼지고기처럼 썬다.

3 **카레소스 만들기** 냄비에 기름을 두르고 카레가루와 밀가루를 볶나가 육수 2컵 반을 부어 끓인다.

4 **고기·채소 볶다가 끓이기** 달군 팬에 기름을 두르고 다진 마늘을 볶다가 향이 나면 돼지고기, 감자, 당근, 양파를 넣어 볶고 남은 육수 반 컵을 부어 끓인다.

5 **카레소스 섞기** 고기와 채소가 익으면 카레소스를 섞어 걸쭉해질 때까지 끓이고 소금, 후춧가루로 간한다.

6 **라면 넣어 버무리기** 카레소스가 걸쭉해지면 볶은 라면을 넣어 잘 버무린다.

Q 궁금해요!

카레가루가 잘 풀어지지 않을 때

A 카레가루와 밀가루는 2:1 비율로 섞고 먼저 육수를 조금만 넣어 가루가 뭉치지 않게 다 풀어준 다음 나머지 육수를 마저 부어 섞으면 잘 풀어져요.

327 kcal

표고버섯맑은우동

버섯과 피망, 양파 등을 고명으로 올린 건강 우동이다.
북어대가리, 다시마로 끓인 국물이 구수하고 개운하다.

재료 | 3인분

30분

생우동면 300g
표고버섯 8장
양파·피망 1/2개씩
참기름·간장 1작은술씩
소금·후춧가루 조금씩

우동국물
북어대가리 1개
다시마(사방 10cm 크기) 1장
표고버섯 기둥 8개
물 6컵

체에 밭쳐
흐르는 물에 식히세요.

1 생우동면 삶기

4 우동국물 만들기

1 **생우동면 삶기** 끓는 물에 생우동면을 삶은 후 찬물에 헹궈 체에 밭쳐둔다.

2 **버섯·채소 손질하기** 표고버섯은 기둥을 떼어낸 후 얇게 썰고 기둥은 국물을 낼 때 쓴다. 양파와 피망은 채 썬다.

3 **버섯·채소 볶기** 달군 팬에 참기름을 두르고 표고버섯, 채 썬 양파와 피망을 볶으면서 간장, 소금, 후춧가루로 간한다.

4 **우동국물 만들기** 분량의 국물 재료에 물을 붓고 푹 끓인 후 베보자기에 밭쳐 국물만 받는다.

5 **담기** 삶은 우동면을 그릇에 담고 볶은 버섯과 채소를 올린 후 우동국물을 붓는다.

 궁금해요!

마른 표고버섯 손질법

A 생표고버섯보다 마른 표고버섯이 영양가가 더 높아요.
마른 표고버섯은 갓 부분이 위를 향하게 찬물에 담가 설탕을 넣어 30분 정도 불려 사용하세요. 그래야 부드럽고 영양가도 파괴되지 않아요.

483kcal

해물냄비우동

맘먹고 솜씨 내어 우동을 만들고 싶다면 도전해 보자.
해물이 들어간 시원한 국물에 쫄깃한 우동면이 어우러져 개운한 맛이 있다.

재료 | 3인분

30분

생우동면 350g
칵테일새우 8마리
모시조개 10~15개
오징어 1마리
당근 1/2개
쑥갓 조금
굵은 파 1대
붉은고추 1개
간장 2큰술
소금·후춧가루 조금씩
물 6컵

1 생우동면 삶기

2 해물 손질하기

1 **생우동면 삶기** 생우동면은 끓는 물에 삶아 찬물에 헹군 후 체에 밭쳐둔다.

2 **해물 손질하기** 새우와 조개는 깨끗이 씻고 오징어는 껍질을 벗겨 칼집을 넣은 후 먹기 좋게 썬다.

3 **채소 손질하기** 당근은 납작하게 썰고 쑥갓은 잎을 뚝뚝 떼어둔다. 굵은 파는 송송 썰고 붉은고추는 어슷 썬다.

4 **우동국물 만들기** 물이 끓으면 새우, 조개, 오징어를 넣고 끓이다가 당근, 파, 고추를 넣고 간장과 소금, 후춧가루로 간을 맞춘다.

5 **담기** 그릇에 삶은 우동면을 담고 우동국물 건더기인 해물과 채소를 올린 후 쑥갓을 얹고 우동국물을 붓는다. 달걀말이를 도톰하게 해서 올려도 먹음직스럽다.

Q 궁금해요!

바탕국물 더 구수하게 만들려면?

A 우동국물에 다시마를 넣어 함께 끓여보세요. 새우, 조개, 오징어를 넣고 끓이다가 다시마를 넣으면 돼요. 다시마는 4인용 국물에 사방 10cm 크기 1장 정도면 적당해요. 국물이 끓으면서 맛이 우러나면 다시마는 건져내세요.

523kcal

해물리조또

토마토홀의 새콤한 맛과 조개육수의 깊은 맛이 입맛을 돋운다.
맛과 영양이 풍부하고 푸짐해서 주말 스페셜 메뉴는 물론 파티 요리로도 제격.

재료 | 4인분

50분

쌀 1과1/2컵
홍합 6개
모시조개 12개
새우 6마리
오징어 1마리
토마토홀 1컵
피망 1/4개
붉은고추 1개
다진 마늘 1작은술
다진 파슬리 1큰술
생크림 5큰술
화이트와인 1/2컵
버터 2큰술
올리브오일 3큰술
소금·후춧가루 조금씩
조개육수 적당량

2 홍합·조개 해감하기

3 새우·오징어 손질하기

5 불린 쌀 볶기

7 토마토홀 넣어 끓이기

토마토홀 1컵을 부으세요.

1 **쌀 불리기** 쌀은 씻어서 체에 건져둔다.

2 **홍합·조개 해감하기** 소금물에 담가 해감을 한다.

3 **새우·오징어 손질하기** 새우는 등쪽의 내장을 제거하고 오징어는 통으로 준비해 링 모양으로 썬다.

4 **채소 준비하기** 토마토홀은 큼직하게 썰고, 피망과 고추는 반 갈라 씨를 턴 후 네모지게 썬다.

5 **불린 쌀 볶기** 달군 팬에 올리브오일과 버터를 두르고 다진 마늘과 고추를 볶다가 불린 쌀을 볶고 화이트와인을 넣어 은은한 향을 살린다.

6 **육수 부어 끓이기** 쌀에 향이 배면 조개육수를 조금씩 붓고 약한 불에서 저어가며 끓이다가 준비한 해물을 넣는다.

7 **토마토홀 넣어 끓이기** 해물에서 나온 국물이 끓으면 토마토홀과 피망을 넣고 약한 불에서 저어가며 끓인다.

8 **생크림 넣고 간하기** 리조또가 완성될 즈음 생크림을 넣고 소금, 후춧가루로 간하고 다진 파슬리를 뿌린다.

Q 궁금해요!

토마토홀과 토마토페이스트의 차이

A 토마토홀은 토마토가 덩어리째 든 통조림으로 생토마토와 비슷해요. 토마토페이스트는 토마토를 데쳐서 다진 후 다진 마늘과 양파, 소금, 토마토케첩 등을 넣고 조린 거예요. 토마토페이스트는 토마토소스라고 보면 돼요.

약이 되는 웰빙 밥

백미에 단호박, 고구마, 땅콩, 밤, 은행 등을 넣은 영양밥은 별다른 반찬 없이도 밥이 술술 넘어간다.
오랜만에 온가족이 한자리에 모이는 주말, 한 그릇 밥도 정성들여 만들어보자.

298 kcal

408 kcal

고구마흑미밥

재료 | 4인분 불린 쌀 1컵, 불린 흑미 1컵, 고구마(중간크기) 2개
햇강낭콩 1/4컵, 물 2와1/4컵

1 **쌀·흑미 불리기** 쌀과 흑미는 씻어 3시간 이상 불린다.
2 **고구마·강낭콩 준비하기** 고구마는 껍질째 씻어 큼직하게
   썬다. 강낭콩은 물에 불려 건지거나 겉껍질을 벗겨 씻어
   건진다.
3 **흑미 먼저 끓이기** 불린 흑미에 물을 반 정도 부어 끓인다.
4 **쌀과 부재료 안치기** 흑미에 물이 잦아들 때 남은 물과
   불린 쌀, 고구마, 강낭콩을 넣고 서서히 끓인다. 뜸이
   들면 가볍게 섞어 그릇에 담는다.

tip 고구마는 껍질째 큼직하게 썰어서 안쳐야 익었을 때
부서지지 않아요.

단호박고구마밥

재료 | 4인분 불린 쌀 2컵, 단호박 1/6개, 풋콩 1/4개, 대추 7개
소금 조금, 물 2와1/4컵

1 **쌀 불리기** 쌀은 씻어서 불려 놓는다.
2 **부재료 준비하기** 단호박은 반으로 갈라 속씨를 긁어내고
   사방 1.5cm 크기로 깍뚝썰기 한다. 풋콩은 씻어
   건져두고 대추는 씨를 발라낸 후 잘게 썬다.
3 **안치기** 불린 쌀, 단호박, 풋콩, 대추를 안친 후 물을 붓고
   소금 간을 하여 끓이다가 불을 줄여 뜸을 들인다.
   보슬보슬하게 섞는다.

tip 밥을 지을 때 쌀과 부재료를 안친 후 끓을 때까지는
강불, 이후에는 강약불, 중불, 중약불, 약불, 뜸들이기
순으로 불의 세기를 조절하세요.

땅콩밤밥

재료 | 4인분   불린 쌀 1컵, 쑥쌀 1컵, 불린 흑태 1/4컵, 날땅콩 1/4컵, 은행 한 움큼
흑임자 조금, 식용유·소금 조금씩, 물 2와1/4컵

1 밥 짓기 불린 쌀과 쑥쌀, 불린 흑태, 날땅콩을 안치고 물을 부어 끓인다.
2 은행 손질하기 기름 두른 팬에 넣고 소금을 조금 뿌려 볶아서 껍질을 벗긴다.
3 밥에 은행 안치기 뜸을 들인 밥에 껍질 벗긴 은행을 올려 잠시 둔다.
4 흑임자 뿌리기 5분 정도 후 밥을 고루 섞어 그릇에 담고 흑임자를 뿌린다.

tip 쑥쌀은 쑥을 넣은 인공 강화미로, 물에 불리지 않고 바로 밥을 지어요.

459 kcal

우엉연근밥

재료 | 4인분   쌀 2컵, 우엉 100g, 연근 100g, 식촛물 적당량, 소금 1/2작은술
쌀뜨물 2와1/4컵

1 쌀 불리기 쌀은 깨끗이 씻어 30분 정도 불린 후 건진다.
2 우엉·연근 손질하기 우엉은 수세미로 문질러 씻은 후 식촛물에 헹궈 채
썰고, 연근은 필러로 껍질을 벗겨 어슷 썬 후 식촛물에 헹궈 물기를 뺀다.
3 안치기 불린 쌀, 준비한 우엉과 연근을 안치고 쌀뜨물에 소금 간을 하여
붓는다. 밥물이 끓으면 불을 줄여 뜸을 들인다.

tip 우엉은 혹이나 수염이 없고 모양이 굽지 않으며 3cm 정도 굵기가 좋아요.
연근도 흠집이 없고 잘랐을 때 속이 희고 부드러운 것이 좋고요.

382 kcal

팥대추찰밥

재료 | 4인분   불린 찹쌀 2컵, 삶은 팥 1/2컵, 대추 7개, 밤 5개, 은행 5개, 소금 1작은술
식용유 조금, 팥물 2컵

1 찹쌀 불리기 찹쌀은 깨끗이 씻어 3시간 이상 불려 건진다.
2 팥 삶기 팥은 씻어 물을 넉넉히 붓고 끓이다가 물을 따라내고 다시 물을 부어
팥알이 터지지 않을 정도로 삶아 건진다. 팥물은 밥물로 준비한다.
3 대추·밤·은행 손질하기 대추는 돌려 깎아 속씨를 제거하고 밤과 비슷한
크기로 썬다. 은행은 식용유 두른 팬에 약한 불로 볶아 껍질을 벗긴다.
4 안치기 불린 찹쌀, 대추와 밤을 안치고 분량의 팥물을 부어 소금 간을 하여
끓이다가 삶은 팥과 은행을 넣고 불을 줄여 뜸을 들인다.

tip 팥의 사포닌 성분은 이뇨작용을 돕고 칼륨은 고혈압 예방에 효과가 있어요.

400 kcal

기초부터 차근히 배우는
국수 삶기

국수를 삶을 때 가장 중요한 것은 면발을 쫄깃쫄깃하게 만드는 것.
그래야 어떤 양념을 하더라도 맛있는 국수 요리가 된다.
소면, 칼국수, 냉면, 메밀국수 등을 찰지고 쫄깃하게 삶는 법을 배워보자.

소면과 중면 삶기

1 넓은 냄비에 물을 넉넉하게 붓고 끓으면 국수를 부채 모양으로 펼쳐서 헤쳐 넣는다. 국수를 다 넣은 다음, 젓가락으로 저어준다.

2 거품이 넘칠 것 같으면 찬물을 1컵 붓는다.

3 찬물을 붓고 끓이다가 다시 한번 더 끓어오르면 찬물 1컵을 더 붓고 재빨리 체에 쏟아 붓는다.

4 삶은 국수를 찬물에 넣고 식을 때까지 젓가락으로 젓는다. 어느 정도 식으면 손으로 비벼 씻어 사리를 지어 놓는다.

메밀국수 삶기

1 면을 삶기 전에 뭉치지 않도록 털어서 잘 펴준다. 그런 다음 충분한 양의 끓는 물에 눌어붙지 않도록 훌훌 털어서 넣는다.

2 젓가락으로 저어가며 끓이다가 한소끔 끓으면 찬물을 붓는다.

3 다시 한번 끓어오르면 또다시 찬물을 붓는다.

4 면이 익었는지 젓가락으로 몇 가닥 건져 끊어보고 끊기면 체로 건진다.

5 건져낸 메밀국수는 얼음을 넣은 큰 그릇에 넣어 아주 찬물에서 헹군다. 그래야 메밀국수만의 오돌오돌한 맛을 살릴 수 있다.

6 찬물에서 국수를 헹굴 때는 손으로 비벼 빨듯이 주물러 준다. 그래야 메밀의 끈적한 전분기가 없어진다.

7 삶아 놓은 면은 서로 엉겨붙지 않도록 사리를 지어 체에 밭쳐둔다.

쌀국수 삶기

1 쌀국수는 뜨거운 물에서 삶는다. 소면보다 훨씬 늦게 익기 때문에 5분 이상 익혀야 한다. 시간 여유가 많다면 쌀국수를 미지근한 물에 20~30분 정도 불린 다음 삶아준다.

2 면이 익으면 체로 건져 찬물에 여러 번 헹군다.

3 삶은 쌀국수는 사리를 지어 놓고 먹기 직전에 뜨거운 물에서 1분 정도 살짝 데쳐 완성 그릇에 놓고 웃기와 국물을 넣어 요리를 완성한다.

칼국수 삶기

1 반죽을 할 때는 강력분과 박력분을 반씩 섞어서 소금물(물 1컵에 소금 1과 1/3큰술)을 붓는다.

2 반죽을 여러 번 치대서 매끈하게 만든 다음 밀대로 밀어서 0.5cm 두께로 만든다.

3 넓게 민 반죽은 세 번 정도 접어 적당한 두께로 썰어서 달라붙지 않게 밀가루를 뿌려가면서 헤쳐 놓는다.

4 여분의 밀가루를 털어내고 국수의 6배 정도 되는 끓는 물에 넣어 젓가락으로 휘저으며 삶아 찬물에 헹궈 건진다. 시판 국수를 사용할 때는 국수 표면에 녹말가루가 많이 붙어 있으므로 흐르는 물에 헹군다.

쫄면 삶기

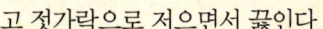

1 쫄면은 손으로 비벼서 붙어 있는 가닥을 떨어뜨려 놓는다.

2 냄비에 물을 넉넉히 부어 끓인 후 쫄면을 넣고 젓가락으로 저으면서 끓인다.

3 쫄면이 부드러워지면 재빨리 건져 찬물에 헹구고 손으로 여러 번 씻어서 건져 놓는다. 쫄면은 끓는 물에 넣고 재빨리 데쳐내야 쫄면 특유의 질기고 쫄깃한 맛을 살릴 수 있다.

4 옥수수 전분으로 만든 쫄면은 투명하고 쫄깃한 면발이 특징. 삶은 쫄면에 물기를 없앤 뒤 참기름으로 살짝 버무려 두면 그 맛을 더할 수 있다.

냉면 삶기

1 젖은 냉면을 빨듯이 비벼서 면발을 풀어준다.

2 면의 5배 정도 되는 끓는 물에 냉면을 넣는다. 삶을 때 식용유를 1큰술 정도 넣으면 면발이 쫄깃하다.

3 건면은 생면보다 오래 삶아야 하므로 3~4분 정도 더 삶아준다.

찰지고 맛난 칼국수 반죽 노하우

칼국수 반죽을 할 때 밀가루로만 반죽하지 말고 맛을 살릴 수 있는 재료를 몇 가지 섞으면 개성있는 맛을 낼 수 있다.

달걀 노른자의 색깔 때문에 칼국수 면발이 더욱 쫄깃해 보인다. 밀가루 3컵 분량이면 달걀 1개 정도 넣으면 적당하다. 이 때 달걀 자체의 수분이 더해지기 때문에 물은 약간 적게 넣는 것이 좋다.

김칫국물 시원한 김치칼국수를 만들 때 밀가루에 김칫국물을 넣어 반죽한다. 밀가루 3컵 분량에 김칫국물 1/3컵 정도 분량이면 적당하다. 이 때 물은 따로 넣지 않아도 되며 중간 정도로 익은 김칫국물을 넣어야 맛이 구수하다.

식용유 식용유를 넣고 반죽하면 물과 소금만 넣고 반죽한 것보다 더 부드럽고, 매끄러운 느낌이 난다. 밀가루 3컵에 식용유 1큰술 정도로 넣으면 된다. 옥수수기름이나 올리브오일이 적당하다.

소금 기본적인 간을 맞추고, 밀가루의 글루텐을 좀 더 활성화시켜 반죽을 쫄깃하게 한다. 맛소금이나 꽃소금 모두 적당하다.

감자 감자를 삶아서 으깬 다음 밀가루와 소금을 넣고 오랫동안 치대어 반죽하면 감자 특유의 부드러운 맛을 느낄 수 있다. 밀가루 300g에 감자는 400g 정도면 적당하다.

part 5

노는 토요일,
나들이 도시락

p190 달걀소보루도시락

p192 닭고기토마토샌드위치

p194 삼각김밥

오랜만에 온가족이 모인 주말,
나들이를 계획했다면 엄마 손으로
만든 도시락을 준비해보자.
야외에서 온가족이 둘러앉아
도시락을 먹는 즐거움은
두고두고 추억이 된다. 샌드위치,
햄버거, 김초밥, 주먹밥 등은
누구나 좋아하는 메뉴인데다 집에
있는 재료들로 쉽게 만들 수 있다.

p196 새우살미니버거

p200 유부초밥과 옥수수샐러드

p204 호밀식빵샌드위치

386 kcal

과일롤샌드위치

패스트푸드를 즐기거나 고기만 좋아하는 아이들을 위한 메뉴다.
집에 있는 과일을 이용해 만들어보자.

재료 | 1인분

20분

식빵 3장
사과 · 오렌지 1/4개씩
키위 1/2개
딸기 3개
마요네즈 1/2큰술

스프레드소스

머스터드 1/2큰술
마요네즈 1큰술
설탕 조금

과일은 잘게 채 썰어요.

3 마요네즈에 버무리기

4 스프레드소스 만들기

김밥에 놓고 말면 모양이 잘 잡혀요.

5 속 재료 넣어 말기

1 **식빵 준비하기** 식빵은 가장자리를 잘라 놓는다.
2 **과일 채썰기** 사과와 키위는 껍질을 벗기고 딸기는 깨끗이 씻어 꼭지를 뗀 후 각각 가늘게 채 썬다. 오렌지는 과육만 잘게 썬다.
3 **마요네즈에 버무리기** 채 썬 사과와 키위·딸기, 잘게 썬 오렌지에 마요네즈를 넣고 고루 버무린다.
4 **스프레드소스 만들기** 머스터드, 마요네즈, 설탕을 분량대로 잘 섞는다.
5 **속 재료 넣어 말기** 식빵에 스프레드소스를 바른 후 마요네즈에 버무린 과일을 적당히 올려 만다.
6 **포장하기** 종이랩이나 비닐랩으로 싸서 마르지 않도록 한다.

 궁금해요!

과일샌드위치 눅눅해지지 않을까?

A 샌드위치 속 재료인 과일은 물기가 없어야 해요. 그렇지 않으면 식빵에 과일즙과 물기가 흡수되어 샌드위치가 눅눅하고 흐물흐물해져요. 일단 씻은 과일은 체에 밭쳐 물기를 탈탈 털어내고, 채 썬 후에는 키친타월로 물기를 눌러주세요.

433 kcal

누드김밥

흰밥이 겉으로 보이게 싼 김밥으로 '캘리포니아롤'이라고도 한다.
속 재료가 풍부해 한 줄만 먹어도 든든하다.

1 배합초에 버무리기

2 속 재료 준비하기

김 크기만하게 밥을 고루 펴놓아요.

5 밥 펴놓기

6 속 재료 넣어 말기

김발로 단단히 쥐고 말아요.

7 랩 벗기기

재료 | 1인분

30분

밥 1공기
김 4장
참치통조림 1통
시금치 한 움큼
게맛살 4개
달걀 2개
단무지 4줄
설탕 조금
소금·참기름·식용유 조금씩
고추냉이 적당량
물 적당량

배합초
식초 2큰술
설탕 1큰술
소금 1/2작은술

1 **배합초에 버무리기** 분량의 양념을 섞어 배합초를 만든 후
밥에 넣어 고루 버무린다.

2 **속 재료 준비하기** 통조림 참치는 체에 밭쳐 기름을 빼고
설탕을 조금 넣어 보슬보슬하게 볶아 식힌다. 시금치는
끓는 물에 데친 후 소금, 참기름으로 양념해 무친다.
게맛살은 굵게 찢는다.

3 **달걀지단 부치기** 달걀은 곱게 풀어 소금으로 간한 후
도톰하게 지단을 부쳐 굵게 썬다.

4 **고추냉이 개기** 고추냉이에 물을 넣고 되직하게 갠다.

5 **밥 펴놓기** 김발에 비닐랩을 깔고 김을 올린 다음 배합초에
버무린 밥을 고루 펼친다.

6 **속 재료 넣어 말기** 김이 위로 향하게 뒤집어 놓고 갠
고추냉이를 얇게 바른 후 속 재료를 가지런히 올려 만다.
김발을 단단하게 쥐어 모양을 잡는다.

7 **랩 벗기기** 랩을 벗기고 먹기 좋은 크기로 썬다.

Q 궁금해요!

김밥이 눅눅해요

A 김이 바싹 마르고 신선해야 김밥이 눅눅해지지 않아
요. 또 밥에 배합초를 넣고 버무릴 때 부채질로 한김 날려
주고 완성되면 참기름을 묻혀 코팅해주세요.

550 kcal

달걀소보로도시락

초밥에 달걀스크램블을 소복하게 올린 담백하고 고소한
도시락이다. 집에 있는 재료만으로도 뚝딱 만드는 간편한 메뉴.

재료 | 2인분

15분

밥 2공기
달걀 3개
청주 1큰술
소금 조금
검은깨·통깨 조금씩
식용유 2작은술

배합초

식초 1큰술
설탕 1/2큰술
소금 조금

1 배합초에 버무리기

2 달걀 풀기

소금과 청주를
섞은 달걀물!

3 스크램블 만들기

포슬포슬하게
익혀요.

5 검은깨·통깨 뿌리기

1 **배합초에 버무리기** 분량의 양념으로 배합초를 만들어
따뜻한 밥에 넣고 고루 섞는다.

2 **달걀 풀기** 달걀을 풀어 소금과 청주를 넣고 고루 섞는다.

3 **스크램블 만들기** 달군 팬에 기름을 두르고 달걀물을 부어
나무젓가락으로 휘휘 저어가며 포슬포슬하게 익힌다.

4 **스크램블 올리기** 배합초에 버무린 밥을 도시락에 담고
스크램블을 소복하게 올린다.

5 **검은깨·통깨 뿌리기** 스크램블에 검은깨와 통깨를 보기
좋게 뿌린다.

Q 궁금해요!

영양란, 등급란, 유정란의 차이

A 영양란은 영양소가 든 사료를 산란 15일 전에 준 것으
로 목초란, 셀레늄란, 요오드란 등이 있어요. 등급란은 농협
등급판정소에서 등급을 매긴 것으로 2등급은 일반란과 다
를 게 없다고 해요. 유정란은 무정란과 영양적으로는 별 차
이가 없지만 신선한 느낌을 주어요.

295kcal

닭고기토마토샌드위치

닭가슴살과 토마토로 만든 담백한 샌드위치.
시간이 지나도 맛과 모양이 유지된다.

재료 | 2인분

20분

식빵 4장
닭가슴살 100g
토마토 1개
슬라이스햄 4장
로즈마리 조금
소금·흰후춧가루 조금씩

소스

마요네즈 4큰술
머스터드 1작은술
소금·흰후춧가루 조금씩

토마토에 소금을
살짝 뿌리면 물기가
안 생겨요.

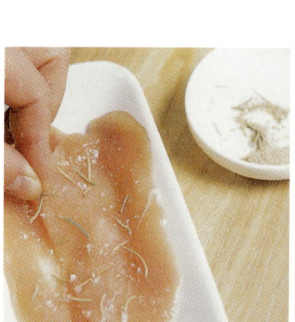

1 닭가슴살 밑간하기

3 토마토 썰기

5 소스 만들기

6 속 재료 넣기

1 **닭가슴살 밑간하기** 닭가슴살은 깨끗이 씻어 얇게 저며 썬 후 로즈마리, 소금, 흰후춧가루를 뿌려 밑간한다.

2 **닭가슴살 지지기** 밑간한 닭가슴살을 달군 팬에 노릇하게 지진 후 키친타월에 올려 기름기를 뺀다.

3 **토마토 썰기** 토마토는 끓는 물에 담갔다 건진 후 바로 찬물에 헹구고 껍질을 벗겨 도톰하게 썬다.

4 **햄·토마토 굽기** 기름기 없이 달군 팬에 햄을 굽는다. 껍질 벗겨 도톰하게 썬 토마토도 앞뒤로 살짝 굽는다.

5 **소스 만들기** 분량의 양념을 섞어 소스를 만든다.

6 **속 재료 넣기** 식빵에 소스를 바르고 구운 토마토와 닭가슴살, 햄을 순서대로 올리고 다른 식빵에도 소스를 발라 위에 덮은 후 반으로 썬다.

 **Q** 궁금해요!

샌드위치용 토마토와 채소 손질법

A 샌드위치 단골 재료인 토마토는 둥글게 썰어 씨를 빼내고 소금을 살짝 뿌려 물기를 제거해요. 오이도 소금을 뿌려 물기를 없애고 다른 채소들은 미리 손질해 물기를 완전히 없앤 상태에서 사용하세요. 일단 빵 한쪽 면에 버터를 얇게 발라 수분 보호막을 만들어야 해요.

281 kcal

삼각김밥

소풍이나 나들이 도시락은 물론 출출할 때 가볍게 먹을 수 있는 메뉴.
아침식사나 간식으로도 좋다.

재료 | 2인분

20분

밥 2공기
김 3장
다진 쇠고기 100g
통깨 1/2큰술
후춧가루·참기름 조금씩
식용유 조금

볶음양념장
고추장 3큰술
다진 마늘·설탕 1큰술씩
다진 생강 1/2작은술
청주 1작은술
간장 조금

볶음양념장은 미리 만들어두세요.

2 다진 쇠고기 볶기

4 쇠고기볶음 넣기

밑면을 먼저 감싼 후 양쪽을 싼다.

6 김에 싸기

1 **볶음양념장 만들기** 분량의 양념을 고루 섞는다.

2 **다진 쇠고기 볶기** 달군 팬에 기름을 두르고 다진 쇠고기를 볶다가 볶음양념장을 넣어 고루 섞는다.

3 **삼각 초밥틀에 밥 채우기** 삼각 초밥틀에 비닐랩을 깔고 밥을 1/2~2/3 정도 채워 넣는다.

4 **쇠고기볶음 넣기** 밥 가운데 부분에 홈을 내어 쇠고기볶음을 꼭꼭 눌러 담고 윗면을 편평하게 정리한다.

5 **김 준비하기** 김을 살짝 구워 반으로 자른다.

6 **김에 싸기** 쇠고기볶음을 넣은 밥을 틀에서 꺼내어 구운 김으로 싼다.

Q 궁금해요!

삼각 초밥틀이 없다면?

A 손에 물을 묻히고 밥을 한 주먹 정도 쥐어 대강 뭉치세요. 왼손에 밥을 놓고 오른손으로 각을 잡아 돌려가면서 삼각 모양을 만들면 됩니다.

228kcal

새우살미니버거

몸에 좋고 맛도 좋아 아이들 간식으로 좋은 메뉴.
새우살의 부드럽고 고소한 맛이 입맛을 살린다.

재료 | 1인분

30분

미니 햄버거빵 2개
토마토 · 오이피클 1/2개씩
양상추 1~2장
마요네즈 1/2큰술
식용유 적당량

패티 반죽
새우살 130g
다진 양파 1/4개 분량
빵가루 2큰술
녹말가루 1큰술
달걀물 1/3큰술
소금 · 후춧가루 조금씩

3 새우살 다지기

4 새우살 반죽하기

빵만하게
빚어 구우세요

반을 갈라
마요네즈를
발라요

5 패티 지지기

6 빵에 마요네즈 바르기

1 **토마토 · 피클 썰기** 토마토는 둥글게 썰고 오이피클은 얇게
   송송 썬다.

2 **양상추 준비하기** 양상추는 씻어 물기를 없애고 미니
   햄버거빵 크기만 하게 찢는다.

3 **새우살 다지기** 새우살은 깨끗이 씻은 후 체에 밭쳐 물기를
   빼고 곱게 다진다.

4 **새우살 반죽하기** 다진 새우살에 분량의 다진 양파,
   빵가루, 녹말가루, 달걀물, 소금, 후춧가루를 넣어 고루
   치댄다.

5 **패티 지지기** 패티 반죽을 동글납작하게 빚어 기름 두른
   팬에 노릇하게 지진다.

6 **빵에 마요네즈 바르기** 햄버거빵을 반으로 갈라 양쪽 면에
   마요네즈를 바른다.

7 **속 재료 넣기** 햄버거빵 사이에 양상추와 토마토,
   오이피클, 패티를 올린다.

Q 궁금해요!

고기로 패티를 만들 때

A 쇠고기와 돼지고기를 반씩 섞으세요. 쇠고기만으로 만
들면 퍽퍽하고 돼지고기만 사용하면 풍미가 떨어지거든
요. 두 가지를 섞으면 한결 부드러운 맛과 질감을 느낄 수
있어요. 다진 양파를 볶아 넣어도 맛있어요.

517 kcal

손말이김초밥

예정에 없던 나들이 도시락을 싸야 할 때
후다닥 만들 수 있는 김초밥. 있는 재료들로 말기만 하면 완성!

재료 | 4인분

20분

밥 4공기
게맛살 3개
오이 1/2개
단무지 5개
김 5장
달걀 3개
청주 1작은술
소금·후춧가루 조금씩
식용유 조금

배합초
식초 6큰술
설탕 2큰술
소금 1/2작은술

배합초를 살짝 데워서 섞어요.

1 초밥 만들기

3 김 준비하기

4 달걀 풀기

달걀물을 두세 번 나누어 부어가며 말아요.

5 달걀말이 하기

1 **초밥 만들기** 배합초를 만들어 따뜻한 밥에 고루 섞는다.

2 **속 재료 썰기** 게맛살, 오이, 단무지는 8cm 정도 길이에 나무젓가락 굵기로 썬다. 이때 오이는 가운데 씨를 없앤다.

3 **김 준비하기** 김은 2등분해서 8cm 길이로 자른다.

4 **달걀 풀기** 달걀은 곱게 풀어 청주, 소금, 후춧가루를 넣어 고루 섞는다.

5 **달걀말이 하기** 달군 팬에 기름을 두르고 달걀물을 반만 부어 말이를 한 후 한쪽으로 밀어놓는다. 프라이팬 빈자리에 남은 달걀물을 두세 번 나누어 부으면서 한 켠에 밀어둔 달걀말이를 도톰하게 이어 만 후 다른 재료와 같은 크기로 썬다.

6 **속 재료 넣어 말기** 김에 초밥을 고르게 펴 놓고 속 재료를 올려 돌돌 말아 먹기 좋은 크기로 썬다.

Q 궁금해요!

초밥용 밥 맛있게 짓는 요령

A 쌀은 밥 짓기 30분 전에 씻어 건지고 밥물은 햅쌀은 쌀의 1~1.1배, 묵은쌀은 쌀의 1.2~1.3배로 평소보다 적게 잡아요. 밥을 안칠 때 다시마를 넣으면 더 맛있는데 처음에는 센 불에서 끓이다가 한번 끓어오르면 중불로 줄이고 물이 잦아들면 다시마는 꺼내고 뜸을 들이세요.

444 kcal

유부초밥과 옥수수샐러드

초밥에 뿌리채소를 잘게 다져 넣어 씹는 맛이 좋다.

3 유부 조리기

6 초밥에 재료 섞기

재료 | 4인분

35분

밥 4인분
유부 15장
우엉(15cm 길이) 1개
당근 1/2개
피망 1/2개
검은깨 2큰술
소금 조금

유부양념
멸치국물 2컵
간장 5큰술
설탕 4큰술
청주 2큰술

우엉조림양념
간장 3큰술
설탕 1큰술
물엿·물 조금씩

배합초
식초 3큰술
설탕 2큰술
소금 1/2작은술

Q 궁금해요!

유부 손질법

A 유부는 두부를 튀긴 것으로 기름기가 있기 때문에 데치지 않고 조리하면 느끼해요. 미리 끓는 물에 데쳐서 기름을 뺀 다음 물기를 적당히 짜낸 후 초밥을 만들어야 담백하고 고소합니다.

곁들이음식

옥수수샐러드

재료 옥수수통조림 1/4통, 햄 적당량
오이 1/3개, 완두콩 1큰술
소금 조금
드레싱 씨겨자(디존머스터드)
1/2큰술, 레몬즙·식초 1/2큰술씩
생크림 1큰술, 설탕 1/4큰술

만들기 ❶ 통조림 옥수수는 체에 밭쳐 뜨거운 물을 끼얹고 오이와 햄은 잘게 썬다. 오이를 손질할 때 가운데 씨 부분은 잘라낸다.
❷ 완두콩은 소금을 넣고 삶아 찬물에 헹군다. ❸ 준비한 재료에 드레싱을 넣고 버무린다.

1 **초밥 만들기** 배합초를 만들어 따뜻한 밥에 고루 섞는다.

2 **유부 데치기** 유부를 끓는 물에 데친 후 찬물에 헹궈 물기를 짜고 사선으로 잘라 속을 뒤집어 놓는다.

3 **유부 조리기** 데친 유부에 분량의 멸치국물, 간장, 설탕, 청주를 넣어 조린다.

4 **채소 다지기** 우엉과 당근은 껍질을 벗긴 후 곱게 채 썰어 다진다. 피망은 씨를 털어낸 후 잘게 다진다.

5 **채소 조리거나 볶기** 다진 우엉은 우엉조림양념에 조리고, 다진 당근과 피망은 소금으로 간하여 볶는다.

6 **초밥에 재료 섞기** 초밥에 우엉조림, 볶은 당근과 피망, 검은깨를 넣어 잘 섞는다.

7 **유부주머니에 초밥 넣기** 재료를 고루 섞은 초밥을 유부주머니 안에 꼭꼭 눌러 담는다.

461 kcal

참깨주먹밥과 치킨핑거

쉽게 상할 염려 없고 맛도 좋은 도시락 메뉴다. 특히 아이들에게 인기 만점!

재료 | 2인분

30분

밥 1/2공기
오이피클 적당량
통깨 1/6컵

밥 양념
참기름 1/4큰술
깨소금 1/4큰술
소금 조금

1 **밥 양념하기** 밥은 뜨거울 때 소금, 참기름, 깨소금을 넣고 고루 버무린다.
2 **피클 다지기** 오이피클은 물기를 꼭 짜고 잘게 다진다.
3 **양념한 밥에 피클 넣기** 양념한 밥을 한입씩 뭉친 후 홈을 내어 다진 오이피클을 꼭꼭 눌러 넣고 동그랗게 빚는다.
4 **통깨 입히기** 모양낸 밥을 통깨에 굴려 주먹밥을 완성한다.

한입에 쏙 들어가게 뭉쳐요.

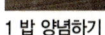

1 밥 양념하기   4 통깨 입히기

Q 궁금해요!

치킨핑거를 바삭하게 튀기려면?

A 튀김옷을 반죽할 때 얼음물을 사용하고, 튀김이 어느 정도 식으면 다시 한번 튀겨 주세요. 튀길 때 중간 불이나 약한 불에서 좀 오래 튀긴다는 생각이 들 정도로 충분히 튀겨주고요. 그래야 속까지 잘 익고 닭껍질에 있는 기름이 빠져나와 바삭하답니다.

곁들이음식

치킨핑거

재료
닭고기(안심) 75g, 식용유 적당량
고기양념 포도주·레몬즙 1/2작은술씩, 소금·후춧가루 조금씩
튀김옷 튀김가루 1/4컵, 밀가루 1과1/2큰술, 치즈가루 1/2큰술
달걀흰자 1/4개 분량, 물 2큰술

만들기 ❶ 닭안심에 포도주, 레몬즙, 소금, 후춧가루를 뿌려 밑간한다.
❷ 분량의 재료를 고루 섞어 튀김옷을 만든다. ❸ 밑간한 고기에 튀김옷을 입힌 후 미리 예열해둔 기름에 바삭하게 튀긴다.

265 kcal

호밀식빵샌드위치

호밀식빵에 햄, 치즈, 양배추를 넣은 샌드위치.
만들기도 쉽고 먹기도 편해 나들이 도시락으로 그만이다.

재료 | 4인분

15분

호밀식빵 8장
양배추 5~6장
로메인 4장
수제햄 4장
에멘탈치즈 60g
소금 적당량
샤워크림 적당량
머스터드소스 적당량

체에 밭쳐
물기를 빼요

2 양배추 절이기

5 소스 바르기

빵 안쪽에
소스를 발라야
눅눅하지 않아요

6 속 재료 넣기

1 **호밀식빵 굽기** 호밀식빵을 토스터나 팬에 노릇하게
굽는다.

2 **양배추 절이기** 양배추는 씻어 물기를 빼고 곱게 채 썬 후
소금에 살짝 절인다. 숨이 죽으면 꼭 짜서 물기를 뺀다.

3 **로메인 준비하기** 로메인은 씻어 물기를 턴 후 체에
밭쳐둔다.

4 **햄·치즈 썰기** 햄과 치즈는 쫄깃한 맛이 느껴지도록
도톰하게 썬다. 수제햄 대신 슬라이스햄을 이용해도
좋다.

5 **소스 바르기** 구운 식빵 한 장에는 머스터드소스를, 다른
식빵에는 샤워크림을 고루 펴 바른다.

6 **속 재료 넣기** 소스 바른 식빵에 로메인, 햄, 치즈,
양배추절임을 가지런히 올린 후 다른 빵을 덮는다.

7 **도시락에 담기** 샌드위치의 속 재료가 빠지지 않도록 살짝
눌러준 다음 먹기 좋은 크기로 잘라 도시락에 담는다.

Q 궁금해요!

샌드위치 속 재료가
빠져나오지 않게 하려면?

A 완성된 샌드위치를 비닐랩으로 싸서 15분 정도 두면 재
료들이 밀착되어 먹을 때 빠져나오지 않아요. 샌드위치를
썰 때 칼을 가볍게 가열해서 썰면 깔끔해요.

고슬고슬, 새콤달콤, 감칠맛 나는
김밥 만들기

김밥 전문점의 김밥처럼 솜씨 있게 싸고 싶다면 기본부터 익히자.
밥 짓기, 초밥 만들기, 김 고르기, 속 재료 양념하기 등 하나하나 익혀두면
어느새 김밥 맛이 달라져 있다.

고슬고슬하게 밥을 짓는다

밥짓기에 적당한 냄비는 바닥이 두툼하고 밥물이 쉽게 흘러 넘치지 않을 만큼 속이 깊은 것이 좋다. 냄비에 쌀을 안칠 때는 열이 골고루 전달될 수 있도록 쌀 표면을 편평하게 고른 다음 뚜껑을 덮고 끓인다. 끓어 넘칠까봐 처음부터 불을 약하게 해서는 안된다. 처음에는 센 불에서 끓여 쌀 한 톨 한 톨 열이 가도록 하는 것이 중요하다.

배합초는 밥이 따뜻할 때 섞는다

배합초의 비율은 쌀 1컵에 식초 2큰술, 설탕 1큰술, 소금 1/2작은술 정도를 기준으로 잡는다. 배합초를 만들 때는 양념이 잘 녹을 수 있게 데워서 사용한다. 단, 배합초가 끓지 않게 따끈할 정도로만 데우는 것이 중요하다. 배합초를 섞을 때는 밥과 배합초가 따뜻할 때 재빨리 섞어야 맛이 골고루 스며든다.

초밥을 잘 버무린다

초밥을 만들 때 나무통과 나무 주걱을 사용하면 좋다. 초밥을 버무릴 나무통은 마른 행주로 물기를 닦아 놓고 밥이 다 되면 나무통에 쏟아 넣고 주걱으로 밥을 풀어 헤친다. 밥이 뜨거울 때 배합초를 넣고 주걱을 세워 자르듯이 섞는다. 초밥을 섞은 다음에는 젖은 행주를 덮어서 1분 정도 두어 배합초의 맛이 밥에 골고루 스며들게 한다. 그런 다음 밥을 아래 위로 뒤집어주면서 부채질을 해서 증기를 날려 보낸다.

김밥용 김을 잘 고른다

김은 색깔이 새카맣고 윤기가 있으며 너무 두껍지 않은 것을 고른다. 김의 종류에는 조선김, 초밥김, 맛김 등이 있는데 김밥을 쌀 때는 시중에 김밥용으로 나와 있는 김을 고르도록 한다. 구울 때도 타지 않게 잘 구워야 한다. 팬에 놓아 파르스름할 정도로만 굽는다.

속 재료의 맛과 영양을 살린다

속 재료는 일반적으로 달걀지단, 단무지, 볶은 고기, 채소류 등인데 영양의 밸런스를 생각하여 속 재료를 정한다. 준비한 속 재료는 물기없이 손질해야 하며 굵기나 크기를 일정하게 해야 완성 후 썰어 놓았을 때 모양이 가지런하고 보기 좋다.

김발을 이용해 단단히 만다

김발 위에 김을 놓고 아래 부분은 1cm 정도 남기고 밥을 고루 잘 펴 놓는다. 가운데에 속 재료를 넣고 김발을 잡아당기면서 단단하게 마는데 김의 끝 부분에 밥알을 조금 붙여 풀어지지 않게 한다. 단단하게 말아졌으면 먼저 김밥 한 줄을 반으로 썬 다음 두 개를 나란히 놓고 톱질하듯 칼을 위아래로 놀리면서 알맞게 썬다. 칼에 기름을 조금 바르고 썰면 밥알이 칼에 붙지 않아 깔끔하다.

맛, 영양, 솜씨를 갖춘
도시락 싸기

도시락 싸기의 기본 노하우 몇 가지만 알아두면 얼마든지 맛깔스럽게 쌀 수 있다.
계절별 메뉴 선택과 조리법, 담는 법 등
도시락 싸기에 관한 웬만한 상식을 기억해 두자.

모양이 흐트러지지 않게 담는다

음식을 담을 때는 모양이 흐트러지지 않도록 신경 써서 담는다. 담는 분량과 용기가 꼭 맞으면 오가는 도중에 흔들리지 않으며 붐비는 차 안에서도 한쪽으로 몰리지 않는다.

푸짐하게 담는다

야외 도시락은 놀러가서 먹는 도시락이므로 그 기분을 충분히 살리도록 한다. 각자의 도시락에 담기보다는 몇 사람분을 종류별로 한꺼번에 담으면 더욱 푸짐하고 둘러앉아 먹는 재미를 느낄 수 있다. 샐러드는 채소류와 소스를 따로 준비해 그 자리에서 버무려 먹는다.

맛과 향이 섞이지 않도록 한다

마늘, 부추, 김치 등은 적은 양이라도 전체에 그 냄새가 퍼지기 쉬우므로 반드시 따로 담도록 한다. 한 통에 모두 담을 경우에는 쿠킹 호일이나 비닐랩, 알루미늄 용기 등으로 경계를 나눈다. 깻잎이나 겨자잎을 파티션용으로 사용하면 편리하다.

음식 간은 진하게 한다

야외에서 먹는 반찬은 간을 조금 세게 하는 것이 좋다. 짠맛을 중심으로 신맛, 단맛, 그리고 김치 등을 곁들이면 좋다. 바닷가로 놀러갈 때는 따가운 햇볕과 바닷바람이 갈증을 일으키게 하므로 레몬, 오렌지 등 신맛을 내는 반찬으로 갈증을 해소시켜 준다.

손으로 먹기 쉽게 만든다

주먹밥, 꼬치에 꿴 음식, 샌드위치처럼 손으로 집어먹을 수 있는 음식이 좋다. 샌드위치는 먹기 좋은 크기로 썰어 꼬치에 몇 개씩 꿰어 비닐랩으로 싸면 손이 지저분하더라도 쉽게 먹을 수 있고 마르지도 않는다.

추울 때는 식어도 맛있어야 한다

식은 밥은 보기만 해도 춥게 느껴진다. 주먹밥이나 김밥, 볶음밥 등도 마찬가지. 밥을 데워서 먹을 경우를 생각해서 냄새가 나는 김치나 장아찌류는 다른 그릇에 담는다. 또 데우면 색깔이 변하는 나물이나 무침, 토마토, 레몬 같은

과일도 따로 담는다. 버터에 볶은 음식은 식으면 푸석해지므로 겨울에는 식물성 기름을 사용하도록 한다.

여름에는 상하기 쉬운 반찬은 피한다

반찬은 반드시 그날 아침에 조리한 것으로 담는다. 또한 충분히 가열한 뒤 확실하게 식혀서 담아야 하며 밥도 잘 식었는지 확인하고 나서 뚜껑을 닫도록 한다.

국물이 흘러서 맛이 섞여도 음식이 상하는 원인이 되므로 반찬은 양념을 해서 튀기거나 볶아서 담는다.

여름철 도시락 메뉴로 팥밥이나 비빔밥, 감자, 햄, 소시지, 삶은 콩, 생선묵, 게 등은 상하기 쉬우므로 피하고 식초절임, 주먹밥, 샌드위치, 상큼달콤한 반찬, 카레볶음, 튀김 등을 담는다.

Index